KB172637

피보나치가 들려주는 피보나치수열 이야기

수학자가 들려주는 수학 이야기 08

피보나치가 들려주는 피보나치수열 이야기

ⓒ 오혜정, 2008

초판 1쇄 발행일 | 2008년 2월 9일
초판 27쇄 발행일 | 2024년 8월 1일

지은이 | 오혜정
펴낸이 | 정은영

펴낸곳 | (주)자음과모음
출판등록 | 2001년 11월 28일 제2001-000259호
주소 | 10881 경기도 파주시 회동길 325-20
전화 | 편집부 (02)324-2347, 경영지원부 (02)325-6047
팩스 | 편집부 (02)324-2348, 경영지원부 (02)2648-1311
e-mail | jamoteen@jamobook.com

ISBN 978-89-544-1549-1 (04410)

피보나치가 들려주는
피보나치수열 이야기

| 오 혜 정 지음 |

㈜자음과모음

수학자라는 거인의 어깨 위에서
보다 멀리, 보다 넓게 바라보는 수학의 세계!

수학 교과서는 대개 '결과'로서의 수학을 연역적으로 제시하는 경향이 강하기 때문에 학생들은 수학이 끊임없이 진화해 왔다는 생각을 하기 어렵습니다. 그렇지만 수학의 역사는 하나의 문제가 등장하고 그에 대해 많은 수학자들이 고심하고 이를 해결하는 가운데 새로운 아이디어가 출현해 온 역동적인 과정입니다.

〈수학자가 들려주는 수학 이야기〉는 수학 주제들의 발생 과정을 수학자들의 목소리를 통해 친근하게 이야기 형식으로 들려주기 때문에 학생들이 수학을 '과거 완료형'이 아닌 '현재 진행형'으로 인식하는 데도움이 될 것입니다.

학생들이 수학을 어려워하는 요인 중의 하나는 '추상성'이 강한 수학적 사고의 특성과 '구체성'을 선호하는 학생의 사고의 특성 사이의 괴리입니다. 이런 괴리를 줄이기 위해서 수학의 추상성을 희석시키고 수학 개념과 원리의 설명에 구체성을 부여하는 것이 필요한데, 〈수학자가 들려주는 수학 이야기〉는 수학 교과서의 내용을 생동감 있게 재구성함으로써 추상적인 수학을 구체성을 갖는 수학으로 변모시키고 있습니다. 또한 중간중간에 곁들여진 수학자들의 에피소드는 자칫 무료해지기 쉬운 수학 공부에 있어 윤활유 역할을 할 수 있을 것입니다.

〈수학자가 들려주는 수학 이야기〉의 구성을 보면 우선 수학자의 업적을 개략적으로 소개하고, 6~9개의 강의를 통해 수학 내적 세계와 외적 세계, 교실 안과 밖을 넘나들며 수학 개념과 원리들을 소개한 후 마지막으로 강의에서 다룬 내용들을 정리합니다. 이런 책의 흐름을 따라 읽다 보면 각 시리즈가 다루고 있는 주제에 대한 전체적이고 통합적인 이해가 가능하도록 구성되어 있습니다.

〈수학자가 들려주는 수학 이야기〉는 학교 수학 교과 과정과 긴밀하게 맞물려 있으며, 전체 시리즈를 통해 학교 수학의 많은 내용들을 다룹니다. 예를 들어《라이프니츠가 들려주는 기수법 이야기》는 수가 만들어진 배경, 원시적인 기수법에서 위치적 기수법으로의 발전 과정, 0의 출현, 라이프니츠의 이진법에 이르기까지를 다루고 있는데, 이는 중학교 1학년의 기수법의 내용을 충실히 반영합니다. 따라서 〈수학자가 들려주는 수학 이야기〉를 학교 수학 공부와 병행하면서 읽는다면 교과서 내용의 소화 흡수를 도울 수 있는 효소 역할을 할 수 있을 것입니다.

뉴턴이 'On the shoulders of giants'라는 표현을 썼던 것처럼, 수학자라는 거인의 어깨 위에서는 보다 멀리, 넓게 바라볼 수 있습니다. 학생들이 〈수학자가 들려주는 수학 이야기〉를 읽으면서 각 수학자들의 어깨 위에서 보다 수월하게 수학의 세계를 내다보는 기회를 갖기 바랍니다.

홍익대학교 수학교육과 교수 | 《수학 콘서트》 저자 **박 경 미**

세상 진리를 수학으로 꿰뚫어 보는 맛
그 맛을 경험시켜 주는 '피보나치수열' 이야기

　무성한 잎을 내고 예쁜 꽃을 피워 세상에 그 자태를 뽐내는 식물의 출발점은 바로 작고 볼품없는 씨앗이라 할 수 있습니다.

　피보나치수열은 수학에서 이와 같이 씨앗 역할을 하는 요소 중의 하나입니다. 피보나치수열의 형태는 단순히 여러 개의 숫자들을 나열한 것에 불과하지만 그 이면에는 자연계의 패턴을 설명할 수 있는 강력한 힘을 지니고 있습니다.

　행운의 네잎 클로버를 찾기 힘든 이유는 무엇일까?

　풀잎이나 나뭇가지가 특별한 각도를 이루며 새로운 잎이나 가지를 내는 이유는 무엇일까?

　해바라기 씨앗이나 파인애플의 껍질 비늘이 나선형을 이루며 배치되는 이유는 무엇일까?

　이러한 질문에 대한 답변은 피보나치수열과 관련이 있습니다. 우리가 알고 있는 많은 식물들이 피보나치수열에 따라 꽃잎을 피우고 성장하며 열매를 맺고 있기 때문입니다.

　피보나치수열은 자연계뿐만이 아니라 사람의 영혼을 살찌우는 예술이나 이성의 결정체인 과학, 일상생활에도 깊숙이 침투해 있어 친숙하고 쉽게 접할 수 있는 요소입니다.

이를테면 미의 여신 비너스 상과 모나리자의 미소에서 느낄 수 있는 아름다움의 비밀을 설명할 수 있으며, 수천 년이 흐른 뒤에도 여전히 균형감과 안정감을 드러내며 건재를 과시하는 건축물의 비밀도 피보나치 수열을 통해 설명할 수 있습니다.

사진, 음악, 생활 디자인, 주식 시장에서도 피보나치수열의 비율을 쉽게 찾아볼 수 있습니다. 최근에는 많은 사람들의 생명을 빼앗아 가는 암세포가 피보나치수열에 따라 증식한다는 연구 결과가 발표되기도 하였습니다. 수학이나 과학의 여러 분야에서는 이 피보나치수열의 여러 가지 성질에 대한 많은 자료들이 계속 연구되어 그 결과들이 나오고 있습니다.

피보나치수열을 알고 있으면 자연의 많은 비밀을 풀거나, 보다 균형 있고 여유 있는 생활을 영위할 수 있을 것 같습니다.

이 책을 읽다 보면 단순한 형태의 피보나치수열이 자연을 설명하고 그 비밀을 파헤치는 데 중요한 요소로 작용하며, 생활의 문제를 해결하는 하나의 도구 역할을 한다는 것을 알게 될 것입니다. 나아가 수학의 실용적인 가치를 충분히 느낄 수 있는 기회가 될 것입니다.

따라서 책을 읽는 독자들이 수학 교과서 속의 수식이 수학의 전부가 아님을 알고, 우리가 수학에 대해서 흔히 가지고 있는 '어려운 것', '외워야 하는 정의', '복잡한 계산' 이라는 이미지를 없애는 데 조금이나마 도움이 되었으면 하는 작은 바람을 가져봅니다.

2008년 2월 **오 혜 정**

1 이 책은 달라요

《**피보나치**가 들려주는 **피보나치수열** 이야기》는 단순한 규칙에 따라 나열된 일련의 숫자들, 즉 피보나치수열에 숨겨져 있는 신비를 벗겨 보는 내용으로 구성되어 있습니다.

행운의 네잎 클로버는 왜 찾기 힘든 걸까요? 그 답은 바로 피보나치수열이 가지고 있는 비밀에 있습니다. 앞의 두 수를 더해 그 다음 수가 되도록 나열된 피보나치수열은 겉으로는 매우 단순해 보이지만 자연계의 패턴을 설명하는 대표적인 수학 개념 중 하나입니다. 더불어 오늘날의 과학이나 생활에도 깊숙이 침투되어 있어 친숙하고 쉽게 접할 수 있는 중요한 수학적 요소이기도 합니다.

이를테면 우리가 알고 있는 많은 식물들은 피보나치수열에 따라 꽃잎을 피우고 성장하며, 열매를 맺고 있습니다. 회화나 조각상 등 아름다운 예술 작품과 건축물, 사진, 음악, 생활 디자인, 주식 시장에서도 피보나치수열의 비율을 쉽게 찾아볼 수 있습니다.

최근에는 많은 사람들의 생명을 빼앗아 가는 암세포가 피보나치수열에

따라 증식한다는 연구 결과가 발표되기도 하였습니다. 수학이나 과학의 여러 분야에서는 이 피보나치수열의 여러 가지 성질에 대한 많은 자료들이 계속 나오고 있기도 합니다. 피보나치수열을 알고 있으면 자연의 많은 비밀을 풀 수 있고, 보다 균형 있고 여유 있는 생활을 영위할 수 있을 것입니다.

이 책에서는 수학자 피보나치가 직접 수학 선생님이 되어 자신이 발견한 피보나치수열이 자연의 많은 비밀을 밝혀내고, 설명하는 데 중요한 요소로 작용하는 생활의 필수 아이템이라는 것을 구체적인 예를 들어 자세히 설명하고 있습니다. 피보나치의 이런 설명은 직선과 곡선이 미술이 아니며, 음표가 음악이 아니듯이 수식이 수학이 아님을 보여 줌으로써 수학이 '어려운 것', '외워야 하는 정의', '복잡한 계산'이라는 이미지를 없애는 데 큰 도움을 줍니다.

2 이런 점이 좋아요

1 단순한 형태의 피보나치수열에 실제 생활에서 쉽게 접할 수 있는 실용적인 문제를 통해 접근함으로써 보다 쉽게 개념을 이해할 수 있습니다.

피보나치수열이 교과서에만 존재하는 수식 형태가 아닌 생활의 문제를 해결하는 하나의 도구로 받아들이도록 하는 데 도움이 됩니다.

2 식물의 꽃잎 수나 잎차례, 가지치기, 씨앗의 배열 방식들이 성장이나 생존을 위해 피보나치수열의 형식에 따른 것이라는 구체적이고 자세한 설명을 통해 수학이 자연을 설명하고 그 비밀을 파헤치는 데 중요한 요소로 작용한다는 것을 알게 해 줍니다.

3 조화롭고 균형감 있는 예술 작품들이나 역동적인 음색의 음악, 고대의 건축물, 생활 디자인이 나타내는 독특하고 간결한 아름다움이 매우 단순한 피보나치수열의 비율을 적용한 결과라는 사실을 통해 수학의 실용적인 가치를 충분히 인식하도록 합니다.

3 교과 과정과의 연계

구분	단계	단원	연계되는 수학적 개념과 내용
초등학교	6-나	비례, 백분율	황금 비율 1.618과 피보나치 수 비율 0.618, 2.618
중학교	7-가	기수법, 문자와 식	십진법, 피보나치수열과 주가 예측
	8-가	일차함수와 직선의 방정식	직선의 기울기
	9-나	피타고라스의 정리	수학자 피타고라스
고등학교	10-나	도형의 방정식, 삼각함수	원과 접선, 주기
	수학 I	수열, 확률	수열, 피보나치수열, 경우의 수

4 수업 소개

첫 번째 수업_영화 〈다 빈치 코드〉 속 암호의 비밀

영화 〈다 빈치 코드〉에 대한 소개와 초반부의 암호를 풀이하는 과정을 통해 피보나치수열에 대한 본격적인 강의로 들어가기 위한 워밍업과 학습 동기 유발을 위한 내용을 다룹니다.

- 선수 학습 : 애너그램, 레오나르도 다 빈치
- 공부 방법 : 영화 〈다 빈치 코드〉의 초반부에 등장하고 있는 숫자 암호와 애너그램으로 제시된 문자 암호를 해결하는 과정을 통해 앞으로 학습할 요소를 자연스럽게 생각하도록 합니다.
- 관련 교과 단원 및 내용
- 중학교나 고등학교의 읽을거리 자료 및 논술 자료로 활용할 수 있습니다.

두 번째 수업 _ 토끼와 피보나치수열

토끼 문제를 해결하는 과정을 통해 피보나치수열을 자연스럽게 정의하며, 이 수열의 규칙에 대해 다룹니다. 또 숫자를 나열하는 규칙에 따라 수열을 구성하는 숫자들이 달라진다는 것에 대해서도 알아봅니다.

- 선수 학습 : 수열
- 공부 방법 : 토끼 문제를 해결하는 과정에서 그 결과가 어떤 독특한 수 배열을 이룬다는 것을 충분히 이해해야 하며, 단순히 수 배열을 익히는 것으로 끝나는 것이 아니라 반드시 상황과 함께 피보나치수열을 이해하도록 합니다. 또 피보나치수열의 규칙을 확실히 인지하고, 다른 수열에서 숫자를 나열하는 규칙에 따라 수열을 구성하는 숫자들이 달라진다는 것을 문제를 해결해 가면서 충분

히 이해하도록 합니다.

- 관련 교과 단원 및 내용
- 고등학교 수학 I의 '수열' 단원에서 수열의 뜻과 그 규칙을 이해하는 데 활용 가능합니다.
- 고등학교 수리 논술 지도에서 '수학적 발견과 일반화'에 대한 수학적 의미와 관련된 자료로 활용 가능합니다.

세 번째 수업 _ 피보나치의 걸작 《산반서》

피보나치수열이 실려 있는 《산반서》를 쓰게 된 이유와 그 내용에 대해 알아봅니다.

- **선수 학습** : 수 체계, 십진법
- **공부 방법** : 《산반서》는 인도-아라비아의 십진법 수 체계 및 그들의 수학적 지식을 유럽에 소개하기 위해 지은 책입니다. 따라서 제시된 내용을 읽으면서 인도-아라비아의 십진법 수 체계가 로마 숫자 체계에 비해 표기는 물론, 사칙연산을 할 때도 매우 간단하게 나타내고 계산할 수 있음을 충분히 이해하도록 합니다.
- 관련 교과 단원 및 내용
- 중학교 1학년의 기수법에 대한 선수 학습이 될 수 있습니다.
- 기수법 관련 단원이나 수열 관련 단원에서 읽을거리나 논술 자료

로 활용할 수 있습니다.

네 번째 수업 _ 미의 기준, 황금비

황금비의 정의, 황금비와 피보나치수열의 관계, 정오각형 별에 숨어 있
는 황금비에 대해 알아봅니다.

- 선수 학습 : 이차방정식의 근의 공식, 피타고라스
- 공부 방법 : 황금비는 단순히 한 선분을 두 개의 선분으로 나눌 때
  나타나는 것이 아닌, 하나의 선분을 길이가 다른 두 개의 선분으
  로 나눌 때 전체 선분에 대한 긴 선분의 비와, 긴 선분에 대한 짧
  은 선분의 비가 같을 때 나타나는 비를 의미한다는 것을 정확하게
  이해하도록 합니다. 또 황금비의 이름에 대한 유래를 통해 사람들
  이 황금비를 얼마나 가치 있게 생각하는지에 대해 인식하도록 합
  니다. 또 피보나치수열에서 바로 인접한 두 숫자의 비율이 황금
  비율 1.618과 거의 같다는 사실로부터 피보나치수열과 황금비는
  매우 밀접하게 관련되어 있음을 생각하도록 합니다.
- 관련 교과 단원 및 내용
- 중학교 3학년의 '이차방정식의 근의 공식'의 내용에 대한 선수 학
  습이 될 수 있습니다.

다섯 번째 수업 _ 우리 몸의 황금비

황금 비율 측정자를 만들고 이 측정자로 우리 몸에 숨어 있는 황금비를 직접 찾아봅니다. 또 레오나르도 다 빈치가 우리 몸의 황금비를 어떻게 작품으로 표현했는지에 대해서도 알아봅니다.

- 선수 학습 : 피보나치수열과 황금 비율과의 관계, 르네상스
- 공부 방법 : 황금 비율 자는 이웃하는 두 개의 피보나치 수의 비율이 황금 비율과 거의 일치하므로 피보나치 수의 길이를 갖는 종이 띠를 사용하여 만들 수 있음을 충분히 이해하도록 합니다. 또 실제로 황금 비율 자를 이용하여 우리 몸의 여러 곳을 재어 봄으로써 우리 몸에 황금 비율이 들어 있음을 알아보고, 보티첼리와 레오나르도 다 빈치가 어떻게 작품 속 인체에 이 황금 비율을 구현했는지에 대해서도 알아보도록 합니다.
- 관련 교과 단원 및 내용
- 중학교나 고등학교 수리 논술에서 비수학적이거나 유연한 사고, 창의적 사고의 중요성에 대한 논술 자료로 활용 가능합니다.

여섯 번째 수업 _ 황금비가 만드는 수학적 미인

우리 얼굴에 숨어 있는 황금비에 대해 알아보고, 이 황금 비율이 미인을 판단하는 한 기준이 될 수 있음에 대해 알아봅니다.

- 선수 학습 : 대칭
- 공부 방법 : 미인의 경우, 얼굴의 모든 구성 부위별 거리가 1.618:1의 황금 비율을 유지한다는 사실을 이용하여 만든 황금 비율 마스크가 맞춘 듯이 딱 들어맞는다는 것을 확인할 수 있습니다. 이 과정에서 미인이란 바로 황금비가 만드는 수학적 미인일 수 있음을 생각해 보도록 합니다.
- 관련 교과 단원 및 내용
  - 중학교나 고등학교 수리 논술에서 비수학적이거나 유연한 사고의 중요성에 대한 논술 자료로 활용 가능합니다.

일곱 번째 수업_피보나치 수의 기하학적 모습, 황금 나선

피보나치 수를 이용하여 그린 황금 나선의 정의와 그 특징에 대해 알아봅니다.

- 선수 학습 : 사분원, 접선, 접점
- 공부 방법 : 피보나치 수를 한 변으로 하는 정사각형들을 서로 붙여 황금 나선을 만들어 봅니다. 이를 등각 나선, 피보나치 나선이라고도 하는데 그렇게 부르는 이유에 대해 알아보고, 자연계에서 발견되는 황금 나선을 찾아 그 아름다움에 대해 알아봅니다.

- 관련 교과 단원 및 내용
- 고등학교 수리 논술에서 수학적 개념에 대하여 '기하학적 방법' 과 '대수적 방법'으로 접근하는 방식에 대한 자료로 활용할 수 있습니다.

여덟 번째 수업_피보나치 수 마법에 걸린 식물들

식물의 꽃잎 수나 잎차례, 나무의 가지치기, 해바라기의 씨앗 배치 방법, 솔방울 포의 배치 방법 등이 피보나치 수를 따르는 이유에 대해 알아봅니다.

- 선수 학습 : 개도
- 공부 방법 : 꽃잎 수를 직접 세어 보거나 잎차례, 나무의 가지치기를 살펴보고 이것들이 피보나치 수를 따르는 이유가 식물의 성장을 위한 생존 방식임을 충분히 이해하도록 합니다. 또 해바라기 씨앗이나 파인애플 껍질 비늘, 솔방울의 포 등을 탐색해 봄으로써 낭비하는 공간을 최소화하기 위해 피보나치 수 개수만큼의 나선으로 배치되었다는 것을 알아봅니다.
- 관련 교과 단원 및 내용
- 수학과 생물 교과의 통합적인 학습 요소를 추출하여 논술 자료로 활용할 수 있습니다.

아홉 번째 수업 _ 건축 속 피보나치 수

고대 건축물인 피라미드와 파르테논 신전, 1300년대에 세워진 경북 영
주 부석사의 무량수전이 오랜 세월이 흐른 뒤에도 여전히 건재하며 균
형미와 안정감을 나타내는 이유 중 하나로 황금비를 들 수 있음에 대해
알아봅니다.

- 선수 학습 : 파르테논 신전, 영주 부석사 무량수전
- 공부 방법 : 약 2500년, 5000여 년 전에 세워진 건축물인 파르테논
  신전과 피라미드, 1376년에 지은 목조 건축물인 우리나라의 영주
  부석사 무량수전에 적용된 황금 비율을 탐색함으로써 시대를 초월
  하여 황금비의 균형감이 주는 아름다움을 생각해 보도록 합니다.
- 관련 교과 단원 및 내용
- 고등학교 수리 논술에서 비수학적이거나 유연한 사고, 창의적 사
  고의 중요성에 대한 읽을거리 및 논술 자료로 활용할 수 있습니다.

열 번째 수업 _ 예술이 택한 미의 열쇠

미술에서 조화롭고 안정감 있는 회화와 조각상 그리고 사진 구도 및 음
악에서 안정되고 역동적인 음색을 가진 곡을 만들어 내는 데 피보나치
수 및 황금비가 중요한 역할을 하는 것에 대해 자세히 알아봅니다.

- 선수 학습 : 구도, 지오토

- 공부 방법 : 황금비에 매료된 레오나르도 다 빈치가 자신의 회화에 이 황금비를 어떻게 구현했는지에 대해 실제로 자로 재거나 그 비율을 구하여 알아봅니다. 또 균형감 있고 안정적인 사진을 찍기 위한 구도, 균형 잡힌 음악과 역동적인 음색을 위해 피보나치 수와 황금 분할이 어떻게 활용되는지를 구체적인 예를 통해 살펴봅니다.

- 관련 교과 단원 및 내용
- 수학과 미술 교과의 통합적인 학습 요소를 추출하여 논술 자료로 활용할 수 있습니다.

열한 번째 수업 _ 생활 속 피보나치 수

피보나치 수와 황금비가 일상생활에서 활용되어 각종 필수품에 적용되어 있으며, 또 이를 활용하여 보다 세련된 생활용품을 만들 수 있음을 알아봅니다.

- 공부 방법 : 일상생활 속에서 피보나치 수와 황금비가 어떻게 활용되는지에 대해 여러 가지 예를 통해 알아봄으로써 그 유용성을 충분히 이해하도록 합니다. 이를테면 털실로 스웨터나 양말을 뜰 때 피보나치 수를 줄무늬로 나타내거나, 황금 나선을 이용한 전등갓의 세련되고 독특한 디자인을 살펴봄으로써 이와 같은 것들이 우

리의 생활을 보다 풍부하고 세련되게 한다는 것을 이해하도록 합니다.

- 관련 교과 단원 및 내용
- 수학이 생활과 무관한 교과가 아님을 직접적으로 이해할 수 있으며, 보다 균형 있고 세련된 생활 디자인을 하는 데 많은 도움이 된다는 점에서 수학의 가치 및 유용성을 정리하여 간단한 논술 자료로 활용할 수 있습니다.

열두 번째 수업 _ 주식 시장의 변동을 예측하는 피보나치수열

주식 시장의 주가 흐름을 추적함으로써 단기 또는 장기의 주가를 예측할 수 있다는 엘리어트의 파동 이론에 있어서 피보나치 수가 파동의 주기 및 되돌림의 폭을 결정하는 주요 요소임을 다룹니다.

- 선수 학습 : 파동, 주기, 식의 값
- 공부 방법 : 주식 시장의 주가를 예측하는 파동 이론에서는 그 주기가 8이나 34와 같이 피보나치 수를 따른다는 것을 파동의 그림을 통해 충분히 이해하도록 합니다. 또 파동의 상승과 하락의 되돌림 폭을 결정하는 수들은 피보나치 수 비율인 1.618, 2.618, 0.618과 0.382와 관련이 매우 깊습니다. 구체적인 예를 통해 이에 대해 알아보는 것이 엘리어트 파동 이론을 이해하는 데 도움이 됩니다.

- 관련 교과 단원 및 내용

- 중학교 1학년의 '문자와 식', 과학과 관련하여 파동 및 주기에 관해 선수 학습할 수 있습니다.

- 고등학교 1학년의 '삼각함수' 단원 및 수학 I의 '수열' 단원과 관련하여 학습에 도움이 됩니다.

열세 번째 수업 _ 피보나치수열의 응용문제

피보나치수열과 관련된 여러 가지 응용문제를 해결합니다.

- 선수 학습 : 삼각형의 빗변, 기울기, 샘 로이드
- 공부 방법 : 한 변의 길이가 8인 정사각형의 넓이와 가로, 세로의 길이가 각각 5, 13인 직사각형의 넓이가 같다는 것을 주장하는 샘 로이드의 퍼즐과, 여왕벌이 두 줄로 된 정육각형의 방에 들어가기 위한 방법의 수를 피보나치수열과 관련지어 해결합니다.
- 관련 교과 단원 및 내용
- 중학교 2학년의 직선의 기울기와 관련된 내용으로, 이 내용과 관련된 문제 해결력을 향상시키는 데 도움이 됩니다.
- 중학교와 고등학교에서 배우는 '경우의 수' 단원과 고등학교 수학 I에서 배우는 '수열' 단원과 관련하여 학습에 도움이 됩니다.

피보나치를 소개합니다

Leonardo Fibonacci (1175~1250)

나는 《산반서》라는 책을 통해 인도-아라비아 수 체계를

유럽에 보급시키는 데 큰 역할을 했습니다.

이 책에는 피보나치수열과 관련된 내용을 포함해

흥미로운 문제들이 실려 있답니다.

그리고 나는 그리스와 아라비아의 고대 수학을 다시 다루고,

수학의 한 분야인 '수론'을 발달시키는 데 중요한 역할을 한

《제곱근서》라는 책도 썼답니다. 이 책으로 인해 나는 '수론' 분야에서

디오판토스와 페르마 사이의 가장 뛰어난 수학자로 일컬어지게 됐지요.

이 두 권의 책은 내가 살고 있는 시대의 많은 뛰어난 수학자들의 능력을

훨씬 능가하는 걸작으로 여겨지고 있답니다.

여러분, 나는 피보나치입니다

안녕하세요. 여러분과 함께 공부하게 된 피보나치Leonardo Fibonacci, 1175~1250입니다.

수업을 시작하기 전에 먼저 나에 대해 간단히 소개를 하겠습니다.

나는 기울어진 건물로 유명한 '피사의 사탑'이 있는 이탈리아의 도시, 피사에서 1175년에 태어났어요. '피보나치'라는 이름은 '귈리엘모 보나치'인 아버지의 아들이라는 뜻으로 붙여진 거예요. 또 나는 영광스럽게도 '피사의 레오나르도 다 빈치'라고도 불렸답니다. 유명한 천재 화가와 이름이 비슷해서이기도 하고, 내가 워낙 레오나르도 다 빈치처럼 여러 방면에서 재능이 많았기 때문이죠.

아버지가 피사의 상무장관을 지내셨기 때문에 나는 어려서부터 자연스럽게 수판으로 계산하는 방법을 배울 수가 있었어요. 또 아버지와 함께 그리스, 터키, 시리아, 이집트, 프랑스, 시칠리아에 있는 상업도시로 여행을 다니며 각 지역의 학문을 두루 섭렵하기도 했답니다. 한마디로 나는 행운아라고 할 수 있습니다. 여행하면서 각 지역의 다양한 문화를 접하고 배우는 과정은 행복 그 자체였어요.

나의 직업은 수학을 연구하는 수학자예요. 조금 쑥스럽기는 하지만 사람들은 나를 유럽에서 가장 재능 있고 영향력 있는 수학자라고 하더군요. 그 이유는 내가 이집트, 시리아, 그리스, 시칠리아 등지를 여행하며 아라비아에서 발달한 수학을 두루 섭렵하여 이를 유럽인들에게 소개했고, 이것이 유럽 여러 나라의 수학을 부흥시키는 원동력이 되었기 때문이라고 하더군요.

여행 도중에 가장 많이 놀란 것은 아라비아 상인들이 유럽 사람들보다 훨씬 편리하고 효율적인 방법으로 수를 사용하고 있다는 것이었어요. 단지 10개의 숫자 즉 0~9까지의 숫자만으로 모든 수를 다 표현하고, 계산도 매우 간단하게 할 수 있다니! 그것도 매우 단순한 모양으로 말이에요. 우리 유럽에서 사용하는 로마 숫자는 계산하기도 불편하고, 종이 위에 쓸 때도 매우 복잡했거든요.

그래서 수학자인 나는 이것을 열심히 연구한 후 《산반서》라는 책에 그 내용을 담아 유럽에 소개했어요. 다시 말하면 인도-아라비아 수 체계를 유럽에 보급시키는 데 큰 역할을 한 셈이지요. 이 책에는 흥미로운 문제도 함께 실어 놓았어요. 지금부터 여러분이 공부하게 될 피보나치수열과 관련된 내용에 대해서 말이에요.

《산반서》를 출간한 이후에도 열심히 연구하여 《제곱근서》라는 책을 또 썼지요. 이 책은 그리스와 아라비아의 고대 수학을 다시 다루는가 하면, 수학의 한 분야인 '수론'을 발달시키는 데 중요한 역할을 했어요. 이 책으로 인해 나는 '수론' 분야에서 디오판토스와 페르마 사이의 가장 뛰어난 수학자로 일컬어지게 됐지요. 이 두 권의 책은 내가 살고 있는 시대의 많은 뛰어난 수학자들의 능력을 훨씬 능가하는 걸작으로 여겨지고 있답니다.

아까 내가 잘나가는 수학자라고 자랑했었죠? 자만이 아니라 독일의 황제인 프레드릭 2세도 나의 능력에 감탄을 했답니다. 무슨 이야기인지 궁금하지요? 글쎄 황제가 나의 명성을 듣고는 궁정에서 열리는 수학 문제 시합에 참석해 달라고 요청을 했어

요. 나쁜만 아니라 여러 명의 유명한 수학자들도 함께 초청하여
서로 실력을 겨루도록 한 것이었지요.

피보나치가 들려주는 피보나치수열 이야기

시합이 있던 날 신하 팔레르모의 요하네스가 세 개의 어려운 문제를 냈어요. 다른 수학자들을 보니 전혀 손도 못 대고 끙끙 앓고 있더군요. 하지만 나에게는 그다지 어렵지 않았어요. 그래서 세 문제 모두를 정확히 해결했지요. 다른 수학자들에게 조금 미안한 마음이 들기도 했지만 말이에요.

현재에도 나의 이런 재능을 아껴 주는 학자들이 많이 있습니다. 1963년에는 앞으로 소개할 피보나치수열과 같은 여러 가지 다른 수열들의 특징에 대하여 연구한 수학자들이 모여 '국제 피보나치학회'를 창설했다는 소식을 들었어요. 또 연구 결과를 정리하여 1년에 4번 출간하는 〈피보나치 계간지〉를 만들어 내기도 했다고 하더군요. 현재까지도 이 학회는 여전히 활발한 활동을 하고 있다고 합니다.

피보나치학회의 홈페이지
http://www.mscs.dal.ca/Fibonacci/

영화
〈다 빈치 코드〉속
암호의 비밀

영화 〈다 빈치 코드〉에 대한 소개와
초반부의 암호를 풀이하는 과정을 통해
피보나치 수열을 소개합니다.

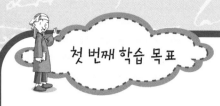

영화 〈다 빈치 코드〉 초반부에 제시된 숫자와 문자로 된 암호를 해결해 봅니다.

미리 알면 좋아요

1. 애너그램anagram 주어진 단어에서 철자의 위치를 바꾸어 새로운 단어를 만드는 것을 말합니다. 예를 들어 'mate'의 배열을 바꾸어 보면 'team, meat'와 같은 새로운 단어를 만들어 낼 수 있습니다. 문자의 순서 바꾸기를 통하여 전혀 다른 의미를 가진 단어나 문장이 되는 의외성을 발견할 수 있다는 것이 그 매력이라 할 수 있습니다.

2. 레오나르도 다 빈치Leonardo da Vinci, 1452~1519 조각 · 건축 · 토목 · 수학 · 과학 · 음악에 이르기까지 다양한 방면에서 뛰어난 재능을 보여 준 르네상스 시대의 이탈리아를 대표하는 천재적 미술가 · 과학자 · 기술자 · 사상가입니다. 15세기 르네상스 미술은 그에 의해 완성에 이르렀다고 평가받고 있습니다. 그가 르네상스를 대표하는 가장 위대한 예술가이자, 지구상에 생존했던 가장 경이로운 천재 중 하나로 여겨지는 것은 〈최후의 만찬〉, 〈모나리자〉, 〈동굴의 성모〉, 〈동방박사의 예배〉 등 뛰어난 작품들을 남겼기 때문입니다.

피보나치의
첫 번째 수업

▨ 소설 《다 빈치 코드》와 영화 〈다 빈치 코드〉

피보나치가 빨간색 표지로 된 2권의 책을 가지고 들어왔습니다.

오늘 수업은 영화 이야기를 하면서 시작해 볼까요? 혹시 〈다 빈치 코드〉라는 영화를 봤나요?

몇몇 아이들이 영화를 보았는지 서로 자랑을 하느라 갑자기 웅성거리기 시작했습니다. 피보나치는 가져 온 책을 아이들에게 주며 돌려 보도록 했습니다.

'댄 브라운' 이라는 소설가가 쓴 이 《다 빈치 코드》라는 책이 영화로 만들어졌지요.

이 책은 출간되자마자 2003년 뉴욕타임스에서 86주 연속 베스트셀러를 기록하고, 40개국 언어로 번역되어 전 세계적으로 5000만 부나 팔리는 등 놀라운 기록을 세웠어요. 그래서 한동안 화제가 되었지요.

책 표지   영화 포스터

그렇다면 이 책이 왜 그렇게 많은 사람들의 관심을 불러일으켰는지 궁금하지요?

그 이유 중 하나는 역사상의 소문이거나 하나의 학설인 예수에

피보나치가 들려주는 피보나치수열 이야기

얽힌 비밀, 시온 수도회와 같이 민감한 종교적 소재를 다루고 있기 때문이에요. 또한 우리가 너무나 잘 알고 있는 아이작 뉴턴, 보티첼리, 빅토르 위고, 레오나르도 다 빈치, 장 콕토와 같은 실존 인물들이 거론되는가 하면, 등장하는 예술 작품이나 자료, 비밀 종교 의식 등이 모두 사실에 기반하고 있어 더욱 흥미를 끌었지요.

아이들 또한 아이작 뉴턴, 빅토르 위고, 레오나르도 다 빈치 등의 이름을 듣고 눈을 반짝거리며 호기심이 발동하는 표정을 지었습니다.

하지만 영화 〈다 빈치 코드〉의 가장 큰 매력은 뭐니 뭐니 해도 암호를 풀어 나가는 묘미에 있다고 할 수 있어요. 영화를 본 친구들은 알겠지만 영화 초반부에 나오는 '피보나치수열', 단어의 배열을 바꿔 암호를 풀어 내는 '애너그램'을 비롯하여 영화 곳곳에 수수께끼 같은 암호들이 제시되어 영화가 끝날 때까지 우리의 지적 호기심을 계속 자극하지요.

피보나치수열이나 애너그램, 처음 들어 보는 말이지요? 이것에 대해서는 조금 뒤에 자세히 설명하기로 하고, 우선 영화나 책을 보지 않은 친구들을 위해서 그 줄거리를 살짝 이야기해 볼까요?

이 영화의 주인공은 하버드대학교의 기호학자 로버트 랭던톰 행크스이에요. 영화는 랭던이 파리 아메리칸대학의 초청 강연을 위해 프랑스 파리에 체류하던 중 경찰로부터 급박한 호출을 받으면서 시작됩니다. 루브르 박물관의 수석 큐레이터인 자크 소니에르가 박물관 내에서 살해된 채로 발견되었기 때문이지요.

그런데 왜 하필 랭던이 호출을 받았냐고요? 자크는 벌거벗은 채 총을 맞아 숨져 있었는데 배꼽 부위에는 자신의 피로 오각형의 별을 그려 놓고, 주변에는 원호를 그려 놓은 채 큰 대大자로 누워 있었어요. 바닥엔 의문의 암호를 남긴 채 말이에요. 그런데 거기에 랭던의 이름이 함께 쓰여 있었어요. 그래서 경찰은 랭던을 범인으로 의심하게 되었던 거죠.

13 - 3 - 2 - 21 - 1 - 1 - 8 - 5
오, 드라코 같은 악마여 O, Draconian devil!
오, 불구의 성인이여 Oh, Lame saint!
P.S 로버트 랭던을 찾아라!

또 한 명의 주인공은 자크 소니에르의 손녀이자 기호학자인 소피 느뵈오드리 토투예요. 느뵈는 기호학자답게 암호의 일부를 쉽게 풀어 버리고, 오히려 할아버지가 랭던에게 도움을 청하고 있었음을 알게 돼요.

영화에서 자크는 비밀이 매우 많은 사람으로 등장하는데, 소피와 랭던이 이 비밀을 추적해 가도록 유도하고 있어요. 그는 죽기 직전 자신이 간직하고 있던 비밀을 암호로 만들어 레오나르도 다빈치의 작품인 〈모나리자〉, 〈암굴의 성모〉 등에 숨겨 놓았어요. 소피는 재치 있게 랭던을 탈출시키고 경찰의 포위망을 피해 가며 이 암호를 함께 풀어 나가기 시작해요. 그 과정에서 두 사람은 인류 역사를 송두리째 뒤바꿀 거대한 비밀이 있음을 간파하고 그 비밀을 파헤쳐 가게 됩니다.

▨자크의 특명! 암호를 풀어라

어때요, 흥미진진하지요? 암호 속에 숨겨져 있는 비밀이 무엇일지, 궁금하지 않나요?

영화에 나오는 모든 암호를 다 풀어 볼 수는 없고 오늘 이 시간에는 자크가 죽기 직전 바닥에 써 놓은 암호에 대해서만 알아보기로 하겠습니다.

시체 옆에는 다음과 같은 네 줄의 암호가 적혀 있었어요.

13 – 3 – 2 – 21 – 1 – 1 – 8 – 5

오, 드라코 같은 악마여 O, Draconian devil!

오, 불구의 성인이여 Oh, Lame saint!

P.S 로버트 랭던을 찾아라!

먼저 아무렇게나 쓰여져 있는 8개의 숫자들에 대해 생각해 보기로 합시다.

13 – 3 – 2 – 21 – 1 – 1 – 8 – 5

이 숫자들 속에 어떤 비밀이 숨겨져 있을까요? 전화번호? 아니면 열쇠번호? 도저히 짐작이 가지 않죠?

소피는 이 숫자들을 보자마자 일단 각 숫자들의 자리를 바꾸어 작은 숫자에서 큰 숫자 순으로 재배열했어요.

1 – 1 – 2 – 3 – 5 – 8 – 13 – 21

피보나치가 들려주는 피보나치수열 이야기

그리고는 이 숫자들이 피보나치수열의 일부라는 것을 바로 알아차렸어요. 나중에 이 숫자들은 취리히 은행의 계좌번호라는 것이 밝혀집니다.

이미 짐작하고 있는 친구들도 있겠지만 이 피보나치수열이 나와 어떤 관련이 있어 보이지 않나요? 그래요, 바로 내가 만든 것입니다. 고백하자면 소피와 마찬가지로 나도 암호를 보는 순간 바로 알 수 있었어요. 내가 만든 수열이 영화에서 암호로 사용되다니! 반갑고 신기하기까지 했지요.

그런데 자크는 왜 하필 영화의 첫 번째 암호로, 그것도 시작부분에 이 숫자들을 써 놓았을까요?

혹시 자기가 남긴 다음 암호문들도 이 수열처럼 철자들의 자리를 바꾸어 풀어 보라는 힌트를 주고 있는 것은 아닐까요?

위의 암호처럼 피보나치수열로 만든 주어진 단어에서 철자를 뽑아 새로운 단어를 만드는 것을 애너그램 anagram이라고 합니다. 평범해 보이는 단어나 문장을 재배열하면 새로운 뜻이 나타나기 때문에 암호로 자주 사용되지요. 이탈리아의 과학자 갈릴레이는 지동설 주장에 대한 교황청의 탄압을 피하기 위해 이 애너그램을 즐겨 사용했다고 해요.

숫자 밑에 쓰인 두 줄의 암호는 자크가 애너그램을 적용하여 만든 것이에요.

종교 의식에서 주문으로 사용할 것 같은 이 말은 도대체 무엇을 뜻하는 걸까요?

O, Draconian devil!
Oh, Lame saint!

철자를 재배열하여 단어를 만들어 봅시다.

피보나치는 아이들로 하여금 이 애너그램에 들어 있는 단어를 찾아보도록 하였습니다.

아이들은 서로 머리를 맞대고 한참 동안 단어를 재배열해 보았
지만 쉽게 새로운 단어를 찾지 못했습니다.

두 단어를 구성하고 있는 철자의 자리를 바꾸어 다시 조합해 보면
다음과 같이 우리가 너무나 잘 알고 있는 두 개의 이름을 볼 수 있어요.

O, Draconian devil! ⇒ Leonardo da vinci! 레오나르도 다 빈치

Oh, Lame saint! ⇒ The Mona Lisa! 모나리자

아하! 자크가 자신의 시체 옆에 써 놓은 암호가 바로 이 메시지
였군요! 이 메시지는 영화의 비밀을 파헤쳐 가는 출발점이 됩니다.

앞에서 소피가 알아 낸 자크가 남긴 암호의 숫자들이 피보나치 수열의 일부분이라고 했지요? 이 피보나치수열은 내가 '한 쌍의 토끼가 계속 새끼를 낳으면 몇 마리로 불어날까?'를 연구하면서 처음 제안했던 것이랍니다.

다음 수업 시간에는 이 피보나치수열에 대해서 좀 더 자세히 알아보기로 하겠습니다.

영화 〈다 빈치 코드〉의 초반부에 나오는 숫자와 문자로 된 암호를 해결하는 과정에서 숫자 암호와 문자 암호가 나타내는 의미를 생각해 봅니다.

13-2-3-21-1-1-8-5

O, Draconian devil!

Oh, Lame saint!

⇒

1-1-2-3-5-8-13-21

Leonardo da vinci!

The Mona Lisa!

이렇게 해독된 암호는 앞으로 이 책에서 자주 접하게 될 것입니다.

토끼와
피보나치수열

토끼 문제를 해결하는 과정을 통해
피보나치수열을 자연스럽게 정의하며,
이 수열의 규칙에 대해 다룹니다.

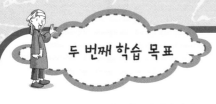

두 번째 학습 목표

1. 피보나치수열의 뜻을 알아봅니다.

2. 피보나치수열에 적용된 규칙을 알아봅니다.

3. 여러 가지 수열의 규칙을 알아봅니다.

미리 알면 좋아요

수열 어떤 규칙에 따라 숫자를 나열해 놓은 것을 말합니다. 예를 들어, 수열 2, 4, 6, 8, 10, 12, 14, …는 앞의 수에 2를 더하면 다음 수가 되도록 숫자를 나열해 놓은 것이고 1, 3, 9, 27, 81, …은 앞의 수에 3을 곱하면 다음 수가 되도록 숫자를 나열해 놓은 것입니다.

피보나치의
두 번째 수업

▨피보나치의 토끼 문제

피보나치는 집에서 직접 가지고 온 토끼를 책상 위에 올려놓았습니다. 그러자 아이들은 토끼를 서로 만지려고 앞다투어 토끼에게 다가왔습니다. 피보나치는 한참동안 아이들이 토끼들을 만져보도록 한 다음 강의를 다시 시작했습니다.

'토끼' 하면 무엇이 먼저 생각나죠?

"큰 귀, 부드러운 털이요."

"깡충깡충 뛰어가는 모습이요."

나도 여러분들처럼 토끼를 무척 귀여워한답니다. 그런데 얼마 전 토끼를 관찰하다가 갑자기 다음과 같은 문제가 궁금해졌어요.

> 만약 한 쌍의 토끼가 매달 한 쌍의 토끼를 낳고, 태어난 한 쌍의 토끼는 다음 다음 달, 즉 생후 2개월째부터 한 쌍의 토끼를 낳기 시작한다고 하자. 그러면 1년이 지난 후에는 모두 몇 쌍의 토끼가 될까?
>
> 단, 태어난 모든 한 쌍의 토끼는 생후 2개월이 되면 한 쌍의 토끼를 낳고, 그 뒤에도 매달 한 쌍의 토끼를 낳으며, 토끼는 죽지 않는 것으로 한다.

모두 몇 쌍일까요? 어떻게 알 수 있지요?

문제를 같이 풀어 보기로 해요. 먼저 이 문제에 대해 생각하는 시간을 좀 가져 볼까요?

한참 후 승준이가 대답을 했습니다.

"두 달이 지나면 한 쌍의 새끼가 태어나고, 1년은 열두 달이니까 11쌍, 모두 11쌍이 되지 않을까요?"

그러자 동현이가 승준이와는 의견이 다르다며 자신의 생각을 또박또박 말하기 시작했습니다.

"하지만 이 문제는 그렇게 단순하지 않은 것 같아요. 두 달이 지나면 한 쌍의 새끼 토끼가 태어나고, 그 뒤로 어미 토끼는 매달 한 쌍의 새끼를 낳잖아요. 또 태어난 새끼 토끼들도 두 달 후부터는 매달 새끼를 낳기 때문에 토끼들이 점점 더 많아지게 되니까요."

아이들은 동현이의 생각에 동의하며 고개를 끄덕였습니다. 그러고는 각자 계산을 하기 시작했습니다. 하지만 계산이 쉽지 않은 듯 고개를 갸우뚱거리는 친구들이 많았습니다.

계산이 쉽지 않죠? 그러지 말고 그림을 그려 보는 것은 어떨까요?

매달 몇 쌍의 토끼가 되는지 그림을 그려 가면서 자세히 알아
보기로 합시다.

1개월째, 한 쌍의 토끼는 2개월째가 되어도 아직 새끼 토끼를 낳
지 못하므로 2개월째까지는 각각 한 쌍의 토끼가 있는 상태입니다.

1개월째   나? 성장 중!

2개월째   나? 성장 중!

그러나 3개월째가 되면 다 자란 한 쌍의 토끼가 한 쌍의 새끼를 낳기 때문에 2쌍의 토끼가 됩니다.

3개월째

4개월째가 되면 처음 한 쌍의 토끼는 또 다른 한 쌍의 토끼를 낳게 되지만 3개월째에 태어난 한 쌍의 토끼는 성장할 뿐 새끼는 낳지 않습니다. 따라서 3쌍의 토끼가 되겠죠?

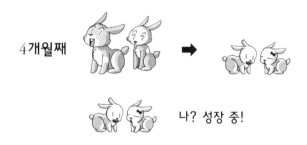

4개월째

나? 성장 중!

5개월째, 처음 한 쌍의 토끼는 또 다른 한 쌍의 토끼를 거듭 낳게 되고 3개월째에 태어난 한 쌍의 토끼가 이제 한 쌍의 토끼를 낳게 되며, 4개월째에 태어난 새끼 토끼는 성장할 뿐 새끼는 낳지 않습니다. 따라서 모두 합하면 5쌍의 토끼가 되지요.

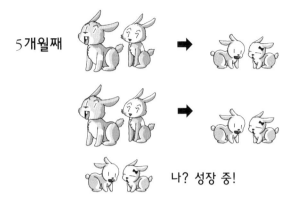

5개월째

나? 성장 중!

토끼 수는 이와 같이 점점 늘어난답니다. 그러면 다음 달엔 어떻게 될까요?

피보나치가 들려주는 피보나치수열 이야기

이번에는 그림을 따로따로 그리지 말고 한꺼번에 큰 그림으로 다시 그려 봅시다.

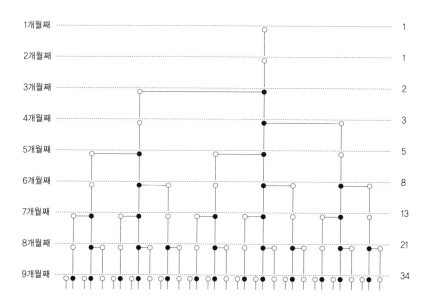

와! 한눈에 알아볼 수 있네요. 6개월째는 8쌍, 7개월째는 13쌍, 8개월째는 21쌍, 9개월째는 34쌍이 되네요.

그러면 10개월째는 어떻게 되나요?

"그림이 너무 복잡해져서 더 이상 그림으로 나타낼 수가 없어요."

그렇다면 10개월째, 11개월째, 12개월째의 토끼 수는 어떻게 알 수 있을까요? 무작정 그림을 그릴 수는 없으니 다른 방법을 찾아보아야 할 것 같네요.

"그럼 그림을 그리지 말고 토끼의 수를 차례로 적어 보는 것은 어떨까요?"

피보나치는 동현이가 제안한 의견에 따라 다음과 같이 칠판에 1개월째부터 매달 전체 토끼 쌍의 수를 차례로 적었습니다.

$$1, 1, 2, 3, 5, 8, 13, 21, 34, \cdots$$

그러자 아이들이 수군거리기 시작했습니다.

"어?! 아까 이야기했던 영화 〈다 빈치 코드〉에서 자크 소니에르가 바닥에 적어 놓았던 암호와 같아요."

맞아요. 자크가 적어 놓았던 숫자 암호를 작은 숫자에서 큰 숫자 순으로 재배열하면 위 숫자의 처음 8개와 일치하죠!

이 수들에 대해 좀 더 자세히 알아보면서 10개월째 이후에 토끼가 모두 몇 쌍이 되는지를 알아보기로 할까요?

이 수들에는 독특한 규칙이 숨어 있어요. 이 수들을 유심히 살펴보면서 어떤 규칙이 숨어 있는지 찾아보도록 합시다.

피보나치는 아이들에게 생각할 시간을 주었습니다.

자~, 어떤 규칙이 숨어 있나요?

의외로 아이들은 규칙을 쉽게 찾아냈습니다.

"앞의 두 수를 더하면 그 다음 수가 돼요."

맞아요. 이 규칙을 화살표를 이용해서 나타내 볼까요?

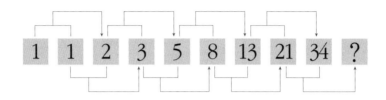

화살표를 이용하니 규칙이 한눈에 보이지요? 이 규칙에 따라 34 이후에 나타나는 수들도 쉽게 찾을 수 있어요.

34 다음 수는 21 + 34 = 55가 되고, 그 다음 수는 34 + 55 = 89, 그 다음 수는 55 + 89 = 144가 됩니다.

자~, 그럼 이제 토끼 문제를 완벽하게 해결할 수 있겠죠?

10개월째는 21 + 34 = 55쌍의 토끼가 되고, 11개월째는 34 + 55 = 89쌍의 토끼가 되며, 1년이 지난 12개월째는 55 + 89 = 144쌍의 귀여운 토끼들이 있게 됩니다.

1개월	2개월	3개월	4개월	5개월	6개월	7개월	8개월	9개월	10개월	11개월	12개월
1쌍	1쌍	2쌍	3쌍	5쌍	8쌍	13쌍	21쌍	34쌍	55쌍	89쌍	144쌍

피보나치가 들려주는 피보나치수열 이야기

위의 규칙에 따르면 3년이 지난 뒤 몇 쌍의 토끼가 있을지 알아 보는 것도 어렵지 않겠죠? 그럼 이 규칙에 따라 1개월째부터 1년 이 지난 후까지의 수를 써 볼까요?

$$1, 1, 2, 3, 5, 8, 13, 21, 34, 55, 89, 144, 233, 377, \cdots$$

이렇게 어떤 규칙에 따라 배열되어 있는 수들을 **수열**이라고 합니다. 특히 위에서와 같이 연속하여 나타낸 두 수의 합이 다음 수가 되는 규칙을 가진 수열을 **피보나치수열**이라고 합니다.

▨수열의 규칙

수열에 대해서 조금만 더 알아볼까요? 수열은 어떤 규칙을 적용하느냐에 따라 구성되는 숫자들이 달라집니다.

피보나치는 준비해 온 여러 종류의 숫자 카드를 칠판에 붙였습니다.

①

| 1 | 3 | 5 | 7 | 9 | 11 |

②

| 2 | 6 | 18 | 54 | 162 | 486 |

③ $2 \rightarrow 4 \rightarrow 7 \rightarrow 11 \rightarrow 16 \rightarrow$?

④

1
11
21
1211
111221
?

피보나치가 들려주는 피보나치수열 이야기

아이들은 ①번과 ②번 수열의 규칙을 쉽게 찾았습니다.

 "①번 수열은 바로 앞의 수에 2를 더하여 다음 수를 나타낸 것이고, ②번 수열은 앞의 수에 3을 곱하여 다음 수를 나타낸 것이에요."
 "그런데 ③번 수열과 ④번 수열의 규칙은 쉽게 찾아지지 않아요!"

아이들의 답변에 피보나치는 칠판에 큰 원을 그렸습니다.

③번 수열의 규칙은 이 원과 관련이 있어요. 이 원을 1개의 직선으로 자르면 몇 개의 조각으로 나누어질까요?

"2개입니다."

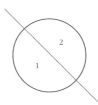

맞아요. 그러면 이번에는 2개의 조각으로 나누어진 이 원을 다시 또 다른 직선으로 자르면 원은 몇 개의 조각으로 나누어질까요?

"4조각으로 나누어져요."

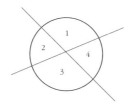

그렇죠? 그렇다면 이런 식으로 계속 직선을 추가하여 원을 잘라 가면 원은 몇 개의 조각이 될까요?

피보나치의 질문에 답하기 위해 아이들은 각자 연습장 위에 원을 그린 다음 직선으로 나누어 보기 시작하였습니다.

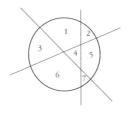 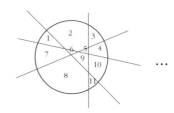 ...

"2개, 4개, 7개, 11개, 16개, ….”

"아하! ③번 수열은 바로 원을 1개, 2개, 3개, …의 직선으로 잘랐을 때 생기는 조각의 최대 개수를 나타낸 것이군요.”

그래요, 이 ③번 수열을 다른 규칙을 적용하여 나타낼 수도 있어요. 다음과 같이 말이지요.

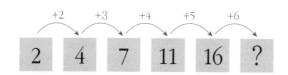

이제 맨 마지막 칸에 들어갈 숫자는 쉽게 알 수 있죠? 네, 바로 22예요.

자~, 이제 ④번 수열의 규칙을 알아보기로 할까요?

이 수열은 바로 아래의 수가 위 수의 배열 상태를 나타낸 것이에요.

따라서 마지막 칸에 들어갈 숫자는 바로 312211이 됩니다.

두번째
수업 정리

❶ 한 쌍의 토끼가 생후 2개월째부터 새끼를 낳기 시작할 때 매 달 토끼 쌍의 수는 피보나치수열1, 1, 2, 3, 5, 8, 13, 21, 34, …로 나타낼 수 있습니다.

❷ '피보나치수열'은 앞의 두 수를 더하면 다음 수가 되는 규칙 을 가지고 있습니다.

❸ '수열'은 어떤 규칙을 적용하느냐에 따라 구성 숫자들이 달 라지며 서로 다른 수열을 이룹니다.

피보나치의 걸작
《산반서》

피보나치 수열이 실려 있는 《산반서》를 쓰게 된 이유와
그 내용에 대해 알아봅니다.

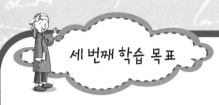

세 번째 학습 목표

1. 《산반서Liber Abaci》가 출간된 배경과 그 내용에 대해 알아봅니다.
2. 로마 숫자와 십진법의 수 체계를 비교함으로써 십진법의 수 체계가 매우 편리함을 알아봅니다.

미리 알면 좋아요

1. 수 체계 수나 양을 표시하기 위하여 사용하는 기호와 규칙들을 말합니다.

2. 십진법 수를 표현하는 한 방법으로 '0, 1, 2, …, 9' 까지 10개의 숫자를 사용합니다. 지구상에서 가장 많이 쓰이는 수 표현법입니다. 아마도 사람의 손가락이 열 개이기 때문일 것입니다.

피보나치는 두꺼운 책을 들고 들어왔습니다. 오늘따라 피보나
치의 표정이 매우 의기양양해 보입니다.

이번 시간에는 내가 지은 책을 여러분에게 소개하려고 합니다.
먼저 내가 이 책을 왜 쓰게 되었는지에 대해 설명하는 것이 좋겠죠?
처음에 나를 소개할 때 내가 아버지와 함께 여행을 많이 다녔다고 했었는데, 기억나나요? 나는 그리스나 터키, 이집트, 시리아 등의 여러 상업도시를 여행하면서 아라비아 상인들은 물론 각 도시의 유명한 수학자들을 만나 많은 것을 배울 수 있었습니다. 그런데 그 어떤 것보다 나의 관심을 끈 것은 아라비아 상인들이 사용하는 숫자들이었어요. 우리 유럽 사람들이 사용하는 숫자하고는 비교도 되지 않았지요.

피보나치는 칠판에 10개의 로마 숫자를 썼습니다.

I II III IV V VI VII VIII IX X

유럽인들이 사용하는 로마 숫자 'I , II, III, IV, V, VI, …, X'과 비교해 봤을 때 아라비아 상인들이 사용하는 수 체계는 값의 크기를 따질 때는 물론, 펜으로 직접 계산을 할 때도, 검산을 할 때도 매우 편리하더라고요. 얼마나 부러웠는지 모릅니다.

로마 숫자는 로마제국이 세워지던 B.C. 약 500년경에 만들어졌는데, 7개의 문자 I, V, X, L, C, D, M을 사용하여 각각 1, 5, 10, 50, 100, 500, 1000을 나타내었어요.

I	V	X	L	C	D	M
1	5	10	50	100	500	1000

수를 나타낼 때는 값이 큰 문자부터 7개의 문자를 조합하여 사용했답니다. 그 값은 각 문자가 나타내는 값의 합으로 나타내었는데, 예를 들어 268을 나타내려면 'CCLXVIII'이라 썼지요. 이것은 100 + 100 + 50 + 10 + 5 + 1 + 1 + 1을 나타낸 것이라 할 수 있어요. 하지만 이 방법은 여러모로 불편했어요.

로마 숫자
CCLXVIII

100 + 100 + 50 + 10 + 5
+ 1 + 1 + 1

=

인도-아라비아 숫자
268

뺄셈도 간단하지 않았어요. 값이 큰 문자 앞에 값이 작은 문자를 놓아 썼는데, 이를테면 C의 왼쪽에 X를 붙인 'XC'는 '100보다 10 작은 수'를 나타내고, V 앞에 I를 붙인 'IV'는 '5보다 1 작은 수'를 나타내었답니다. '100-10', '5-1'과 같이 우리가 지금 사용하는 인도-아라비아 숫자로 표현하면 훨씬 간단하지요.

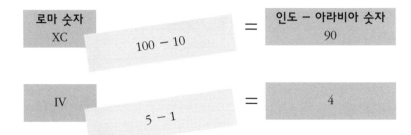

피보나치가 들려주는 피보나치수열 이야기

나는 약이 오르면서도 한편으로는 부러워서 인도-아라비아 숫자들을 사용하여 효율적으로 계산하는 방법을 열심히 배웠습니다. 그리고는 1202년 피사로 돌아오자마자 인도-아라비아 수 체계의 이점을 유럽인들에게 빨리 알려야겠다는 생각에 《산반서》라는 책을 썼지요. 대부분 아라비아의 산술 및 대수 지식에 대해 다루었답니다.

《산반서》는 모두 15개의 장으로 구성하였는데 1장에서 7장까지는 새로운 수 체계의 계산 방법을 설명하고, 8장에서 11장까지는 상거래를 할 때 이들 계산법이 얼마나 편리한지에 대해서 설명하였어요. 마지막 12장에서 15장까지는 여러 가지 재미있는 수학 문제를 해결하기 위하여 새로운 계산 방법을 도입하기도 하고 그리스, 아라비아, 이집트, 중국, 인도 수학자들이 저술한 책 속에 들어있는 흥미로운 문제와 함께 어려운 문제들도 실었답니다. 벽을 기어오르는 거미, 토끼를 쫓는 개, 말을 사는 사람들, 체스판 위에 놓인 곡물 낱알의 수, 동전 지갑에 들어있는 돈의 액수, 지난 수업에서 다룬 토끼 문제 등이었지요.

이 책은 《다 빈치 코드》처럼 출간하자마자 금세 유명해졌어요. 유럽 전역이 이 책의 영향을 받았지요. 사업가나 과학자, 정부관료, 교사들이 계산을 하거나 무언가를 기록할 때 로마 숫자를 사용하지 않고 인도-아라비아 숫자를 사용하기 시작했답니다. 내가 얼마나 뿌듯했겠어요!

피보나치는 꿈이라도 꾸는 듯 행복한 표정을 지으며 이야기를 계속했습니다. 아이들은 피보나치를 존경하는 눈빛으로 바라보았습니다.

이 《산반서》는 중세에 쓴 가장 영향력 있는 수학책 중 하나가 되었답니다. 덕분에 나는 뛰어난 학자라는 명성을 얻게 되었지요.
나는 짓궂은 장난을 친 적도 있답니다. 가끔 내가 지은 책에 서명을 할 때 '레오나르도 비골로Leonardo Bigollo'라고 썼는데, '비골로'는 여러 가지 의미를 가지고 있지만 보통 '여행자' 또는 '얼

간이'라는 뜻을 가지고 있어요. 여행을 많이 한 탓에 그렇게 서명

하기도 했고, 다른 사람들이 숫자에 관심이 많은 나를 얼간이라

놀리는 것을 보고 장난삼아 그렇게 서명하기도 했답니다.

'피보나치수열'이라는 이름은 1970년대 프랑스의 수학자 루

카스가 내 이름을 붙여 만든 것이랍니다. 내 이름을 붙여 만들다

니, 하늘을 날아갈 듯 기뻤지요.

수업이 끝나고 아이들은 피보나치를 향해 우렁찬 박수를 보냈

습니다. 피보나치 덕분에 복잡한 로마 숫자가 아닌 편리하고 간

편한 인도-아라비아 숫자를 사용하게 된 것에 대해 감사의 인사

도 잊지 않았습니다.

세번째
수업 정리

❶ 인도-아라비아의 십진법 수 체계는 로마 숫자 체계에 비해 표기는 물론, 사칙연산을 할 때도 매우 간단하게 나타내어 계산할 수 있습니다.

❷ 《산반서》는 인도-아라비아의 십진법 수 체계 및 그들의 수학적 지식을 유럽에 소개하기 위해 지은 책입니다.

미의 기준,
황금비

황금비의 정의, 황금비와 피보나치 수열의 관계,
정오각형 별에 숨어 있는 황금비에 대해 알아봅니다.

1. 황금비와 황금 분할의 뜻을 알 수 있습니다.

2. 피보나치수열과 황금 비율의 관계를 이해할 수 있습니다.

미리 알면 좋아요

1. 이차방정식의 근의 공식 이차방정식 $ax^2 + bx + c = 0(a \neq 0)$의 근은 다음과 같이 구합니다.

$$x = \frac{-b \pm \sqrt{b^2 - 4ac}}{2a}$$

예를 들어, 이차방정식 $3x^2 - x - 2 = 0$에서,

$$\frac{-(-1) \pm \sqrt{(-1)^2 - 4 \times 3 \times (-2)}}{2 \times 3} = \frac{1 \pm \sqrt{1 + 24}}{6} = \frac{1 \pm \sqrt{25}}{6} = \frac{1 \pm 5}{6} \text{ 이므로}$$

방정식의 근은 $x = \dfrac{1+5}{6} = \dfrac{6}{6} = 1$과 $x = \dfrac{1-5}{6} = -\dfrac{4}{6} = -\dfrac{2}{3}$ 입니다.

2. **피타고라스** 그리스의 종교가 · 철학자 · 수학자로, 만물의 근원을 '수數'로 보았으며, 오늘날까지 많이 알려져 있는 '직각삼각형에서 직각을 낀 두 변의 길이가 제곱의 합은 빗변 길이의 제곱과 같다'는 '피타고라스의 정리'를 증명하였습니다.

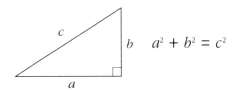

$$a^2 + b^2 = c^2$$

피보나치의
네 번째 수업

▨황금비

피보나치는 학생들에게 흥미로운 질문을 하면서 수업을 시작했습니다.

여러분은 아름답다고 말할 때 무엇을 기준으로 하나요?

"색깔이나 무늬요!"

"크기의 비례요!"

"그냥 느낌이요!"

기준이 모두 다르군요. 그렇다면 여러분은 물론이고 대부분의 사람들이 아름다움을 느끼는 공통된 기준은 없는 걸까요?

피보나치는 칠판에 다음과 같이 다섯 개의 사각형을 그렸습니다.

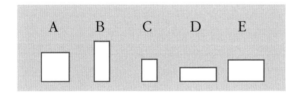

가장 마음에 드는 사각형을 한 개만 골라 보세요.

"A가 제일 마음에 들어요."

"전 E가 괜찮아 보이는데요."

그럼 각자 마음에 드는 사각형 아래에 별표를 해 볼까요?

신기하게도 많은 아이들이 사각형 E를 선택하였습니다. 피보나치는 이 결과와 관련하여 재미있는 이야기를 아이들에게 들려주었습니다.

방금 내가 여러분에게 했던 실험을 한 사람이 또 있어요. 메틀랜드 글라브스Maitland Graves라는 예술가인데 호기심이 무척 많았던 것 같아요. 그는 문화, 인종, 성별, 연령이 서로 다른 사람들을 대상으로 하여 실험을 했어요.

사람들은 어떤 사각형을 선택했을까요?

조사 결과 대부분의 사람들이 여러분과 마찬가지로 사각형 E를 선택했다고 해요.

그 이유가 무엇일까요? 사각형 E에 어떤 특별한 비밀이라도 숨어 있는 걸까요?

5개의 사각형들은 모두 가로와 세로의 길이가 다릅니다. 즉 그 모양의 균형미나 안정감은 가로와 세로 길이의 비에 따라 결정된다는 것을 의미하죠.

그렇다면 대부분의 사람들이 선택한 직사각형 E의 가로와 세로 길이의 비는 얼마일까요?

　　피보나치는 사각형 E가 그려진 종이를 학생들에게 나누어 주
고 직접 자로 가로와 세로의 길이를 재 보도록 하였습니다. 피보
나치 자신도 직접 자를 가지고 칠판에 그려져 있는 사각형 E의
가로와 세로의 길이를 재었습니다.

　　그런 다음 계산기를 이용하여 가로와 세로 길이의 비를 구하여
칠판에 적었습니다.

1.618! 이 값은 매우 특별해요. 여러분이 일상생활을 하면서 자주 만나는 값이기도 하지요. 하지만 공기와 같이 그 존재를 잘 느끼지 못하죠. 예를 들어 볼까요?

액자, 복사 용지, 노트, 창문, 책 등등.

이것들의 가로와 세로의 길이를 잰 다음 그 비율을 계산해 보면 1.618이라는 숫자를 쉽게 만날 수 있어요. 위의 물건들에 이 비율을 적용한 이유는 무엇일까요? 많은 사람들이 사각형 E를 선택한 이유와 관계가 있을 것 같지 않나요?

이 비율은 대부분의 사람들이 선분을 안정감 있게 두 부분으로 나눌 때 무의식적으로 적용하는 값이기도 해요.

한 선분을 길이가 다른 두 개의 선분으로 나눌 때, 전체 선분에 대한 나누어진 긴 선분의 비와 긴 선분에 대한 짧은 선분의 비가 같게 나타나는 경우, 이 비는 앞의 사각형에서 나타난 가로와 세로 길이의 비와 같습니다.

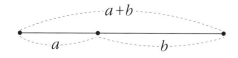

$$(a+b) : b = b : a$$

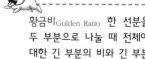

❶ 황금비Golden Ratio 한 선분을 두 부분으로 나눌 때 전체에 대한 긴 부분의 비와 긴 부분에 대한 짧은 부분의 비가 같은 경우. 대략 1.618:1이다.

실제로 이 비는 고대로부터 황금비Golden Ratio **❶** 라 부르던 값입니다.

고대로부터 많은 사람들은 아름다움을 극찬할 때 이 '황금비' 라는 단어를 종종 사용해 왔어요. 앞에서 이야기했던 것처럼 사람마다 아름다움에 대한 기준이 다를 수 있음에도 불구하고 말이에요. 그렇다면 전 세계적으로 황금비가 미를 판단하는 공통의 기준이 되고 있는 이유는 무엇일까요? 또 아름다움의 대명사처럼 사용되는 이 황금비는 도대체

피보나치가 들려주는 피보나치수열 이야기

무엇일까요?

　먼저 황금비의 정의에 대해 자세히 알아보기로 합시다.

　황금비는 그림과 같이 한 선분을 길이가 다른 두 개의 선분으로 나눌 때, 전체 선분에 대한 긴 선분의 비율과 긴 선분에 대한 짧은 선분의 비를 말합니다. 이때 선분을 두 부분으로 나누는 점은 선분을 황금 분할[2]시켰다고 이야기하기도 합니다.

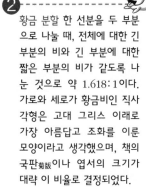

❷ 황금 분할 한 선분을 두 부분으로 나눌 때, 전체에 대한 긴 부분의 비와 긴 부분에 대한 짧은 부분의 비가 같도록 나눈 것으로 약 1.618:1이다. 가로와 세로가 황금비인 직사각형은 고대 그리스 이래로 가장 아름답고 조화를 이룬 모양이라고 생각했으며, 책의 국판菊版이나 엽서의 크기가 대략 이 비율로 결정되었다.

황금비

(선분 전체 길이) : (긴 선분의 길이) = (긴 선분의 길이) : (짧은 선분의 길이)

즉 $(1+x) : x = x : 1$

이 비례식을 정리하면 다음의 이차방정식이 됩니다.

$x^2 - x - 1 = 0$

근의 공식[3]을 이용하여 이 이차방정식을 풀면

$a = 1$, $b = -1$, $c = -1$이므로

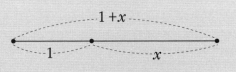

❸ 이차방정식 근의 공식
$ax^2 + bx + c = 0$
$(a \neq 0)$의 근
$x = \dfrac{-b \pm \sqrt{b^2 - 4ac}}{2a}$

$$x = \frac{-(-1) \pm \sqrt{(-1)^2 - 4 \times 1 \times (-1)}}{2 \times 1}$$

$$= \frac{1 \pm \sqrt{1+4}}{2}$$

$$= \frac{1 \pm \sqrt{5}}{2}$$

그런데 변의 길이인 x는 양수이므로

$$x = \frac{1+\sqrt{5}}{2}$$

이때 $\sqrt{5}$가 대략 2.236이라는 사실을 이용하여 x의 값을 소수점 아래 세 번째 자리까지 구하면 다음과 같습니다.

$$x = \frac{1+\sqrt{5}}{2} = \frac{3.236}{2} = 1.618$$

따라서 짧은 선분과 긴 선분 길이의 비는 다음과 같이 나타낼 수 있습니다.

$$1 : x = 1 : \frac{1+\sqrt{5}}{2} = 1 : 1.618$$

이것은 대략 2:3 또는 3:5, 5:8 등의 비율로 말하기도 합니다.

피보나치가 들려주는 피보나치수열 이야기

사각형의 경우, 짧은 변의 길이와 긴 변의 길이의 비가 1:1.618로 황금비인 직사각형을 **황금 사각형**이라고 합니다. 여러분들이 선택한 직사각형 E에는 '황금 사각형'이라는 특별한 비밀이 숨겨져 있었던 거죠.

▨시 간 을 초 월 하 는 신 의 비 , 황 금 비

그렇다면 사람들은 이러한 황금비를 어떻게 알아냈을까요? 처음부터 자를 가지고 직접 가로, 세로의 길이를 재어 본 것도 아니고, 5개의 사각형에 그 길이를 써 넣은 것도 아닌데 말이에요.

실제로 사람들에게 사각형을 그리라고 하면 정사각형이나 기다란 직사각형을 그리는 것이 아니라 대략 보기 좋고 안정감 있는 사각형을 그리지요? 그런데 그 사각형은 절묘하게도 그 비율이 대략 8:5인 경우가 아주 많답니다. 즉 '황금 비율'을 만족하는 사각형을 그리는 거죠.

이 황금비는 사람들에게 가장 안정적이고 편안한 느낌을 준다고 합니다. 하지만 그 이유에 대해서는 오늘날까지도 과학적으로 설명하지 못하고 있어요. 그것은 처음부터 황금비가 어떤 합리적이고 과학적인 근거가 있는 통찰을 통해 얻어진 것이 아니라 직관적 감각에 의해 발견된 것이기 때문입니다.

비록 황금비가 가장 안정적이고 오감을 편하게 해 주는 것이라고 과학적으로 증명하지는 못했지만 수많은 사람들이 무의식적으로 황금비를 미의 기준으로 여긴다는 것을 통해 이것을 결코 가볍게 여길 수 없다는 것을 알겠죠?

고대 그리스의 조각가 피디아스는 이 황금비를 적용하여 파르테논 신전이나 제우스 상을 디자인했다고 해요. 황금비는 그리스 문자 ϕ파이로 나타내는데, 이것은 피디아스Phidias의 머리글자를 따온 것입니다.

처음으로 '황금비'란 용어를 사용한 사람은 그리스의 수학자 에우독소스Eudoxos, B.C. 408? ~355?입니다. 옛날부터 사람들은 황금을 시간이 흘러도 변하지 않는 찬란함과 아름다움의 상징으로 여겼어요. 고대 철학자 플라톤은 황금 비율을 '이 세상 삼라만상을 지배하는 힘의 비밀을 푸는 열쇠'라고 했지요. 또 시인 단테는 '신이 만든 예술품', 16세기 천체 물리학의 거성 케플러는 '성聖스러운 분할Divine Section'이라 했으며 '신의 형상을 따라 지어진 신의 피조물'이라 하기도 했습니다.

황금 비율은 이렇게 지역과 시대에 상관없이 변하지 않는 아름다움을 지니고 있어 동서양을 막론하고 항상 어디서나 그 가치를 인정받았던 것이죠. 그렇다면 이 황금비 역시 황금과 같이 변하지 않는 성질을 가지고 있다는 의미에서 붙여진 이름이 아닐까요?

그렇다면 사람들은 도대체 언제 황금비를 발견했을까요?

정확한 기록은 없지만 기원전 4700여 년 전에 지어진 피라미드에서도 이미 황금 분할이 적용되었다는 점으로 미루어 보아 황금비의 개념과 가치를 안 것은 그보다 훨씬 이전부터일 것으로 추측되고 있습니다.

황금비를 적용한 파르테논 신전이나 피라미드는 고대에 세워진 건물임에도 불구하고 오늘날까지 여전히 아름다운 균형미를 과시하며 건재함을 자랑하고 있습니다. 이것은 황금비가 사람의 정서적인 안정감뿐만 아니라 건축학적으로도 안정감과 균형감을 가지고 있다는 의미가 아닐까요?

▨피보나치수열과 황금비의 끈끈한 인연

피보나치는 이야기를 잠시 멈추더니 갑자기 칠판에 피보나치 수열을 길게 썼습니다.

$$1, 1, 2, 3, 5, 8, 13, 21, 34, 55, 89, 144, 233, 377, \cdots$$

우리가 지금까지 이야기했던 황금비가 이 피보나치수열 속에도 숨겨져 있어요. 그 신비를 벗겨 볼까요?

먼저 피보나치수열에서 바로 인접한 두 개 숫자의 비율을 구해 보면 어떤 한 숫자에 점점 가까워짐을 알 수 있습니다. 비율을 확인해 보겠습니다.

$$1, \ 1, \ 2, \ 3, \ 5, \ 8, \ 13, \ 21, \ 34, \ 55, \ 89, \ 144, \ 233, \ 377, \cdots$$

$$\frac{1}{1} = 1 \qquad\qquad \frac{13}{8} = 1.625\cdots$$

$$\frac{2}{1} = 2 \qquad\qquad \frac{21}{13} = 1.615\cdots$$

$$\frac{3}{2} = 1.5 \qquad\qquad \frac{34}{21} = 1.619\cdots$$

$$\frac{5}{3} = 1.6666\cdots \qquad\qquad \frac{55}{34} = 1.6176\cdots$$

$$\frac{8}{5} = 1.6 \qquad\qquad \frac{89}{55} = 1.618\cdots$$

어떤가요? 놀랍게도 그 값이 황금 비율인 1.618에 점점 가까워져 간다는 것을 발견했나요?

이 비율을 그래프로 나타내 보면 보다 확실하게 알 수 있습니다.

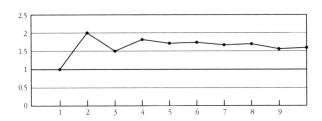

따라서 피보나치수열은 가장 아름다운 기하학적 비율인 황금비율을 만들어 내며, 이 황금 비율은 수리적 비율로 나타내어지는, 미적 관계를 갖는 모든 것에서 관찰할 수 있습니다.

피보나치가 들려주는 피보나치수열 이야기

▨황금 삼각형과 정오각형 별

그런데 도형 중에는 앞에서 말한 황금 사각형뿐만 아니라 황금 삼각형도 있습니다.

다음 그림과 같이 긴 변과 짧은 변 길이의 비가 황금비 1.618 : 1을 이루는 이등변삼각형을 **황금 삼각형**이라고 합니다. 이 황금 삼각형 각의 크기를 재보면 꼭지각과 밑각의 크기가 각각 36˚, 72˚이거나 108˚, 36˚가 됩니다.

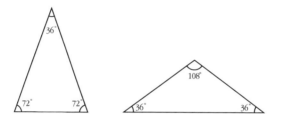

이 황금 삼각형은 정오각형과 매우 깊은 관련이 있어요. 정오 각형에서 대각선을 그은 후 살펴보면 다음과 같이 네 종류의 황 금 삼각형으로 구성되어 있음을 확인할 수 있거든요. 정오각형 의 한 내각의 크기는 108˚예요. 따라서 108˚를 3등분하면 36˚가 되므로 정오각형의 각 꼭짓점에는 각각 3개씩의 황금 삼각형을 그릴 수 있습니다.

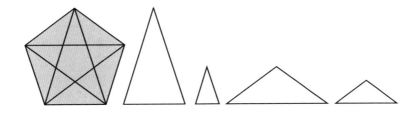

또 가운데 별 모양의 도형 안에 생긴 정오각형에 대각선을 그
으면 더 많은 황금 삼각형을 볼 수 있답니다.

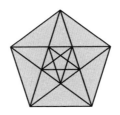

이 별을 매우 중요하게 여긴 사람이 있어요. 바로 고대 그리스
수학의 대명사인 피타고라스! 그는 황금비에 푸욱 빠진 사람이
었어요. '모든 것의 근원은 수'라고 생각한 그는 황금비를 단순
한 숫자로 생각하지 않고 신성시했어요. 이 숫자를 이용하여 우
주 질서의 비밀을 찾으려고까지 했지요. 피타고라스는 자화상의
오른손에 황금비가 적용된 피라미드를 그려 넣고 '우주의 비밀'
이라는 문장을 새겨 넣을 정도로 황금비를 경이롭게 생각했어
요. 또 정오각형 안에 미의 기본인 황금비가 있는 것을 발견한

후 정오각형으로 만들어진 별을 피타고라스학파의 심볼마크로
만들어 자랑스럽게 가슴에 달고 다니기까지 했답니다.

더 나아가 피타고라스는 황금비를 실제 생활에도 적용하여 실
천하였답니다. 그래서 피타고라스학파의 구성원들에게 사치를
금하고 검소한 생활을 하게 했어요. 또 사회적으로는 의료 시술
과 같은 봉사 활동을 하는 등 전체 사회의 구성원으로서 자신의
위치를 조화시켜 나갔다고 합니다.

네번째
수업 정리

❶ 한 선분을 길이가 다른 두 개의 선분으로 나눌 때, 전체 선분에 대한 긴 선분의 비와 긴 선분에 대한 짧은 선분의 비가 같은 경우 이와 같은 비를 '황금비'라고 합니다. 즉 아래 그림에서 $(a+b) : b = b : a$일 때, 이 비는 $1.618 : 1$이라는 황금비로 나타내어집니다.

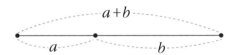

❷ 지역과 시대에 상관없이 변하지 않는 아름다움을 지니고 있는 황금비는 시간이 흘러도 변하지 않는 찬란함과 아름다움을 상징하는 황금에 빗대어 붙여진 이름입니다.

❸ 피보나치수열에서 바로 인접한 두 숫자의 비율을 구해 보면 점점 '황금 비율 1.618'에 가까워지는 것을 알 수 있습니다.

❹ 황금비를 변의 길이로 갖는 '황금 삼각형'과 '황금 사각형, 정오각형 별'에 대해 알 수 있습니다.

우리 몸의
황금비

황금 비율 측정자를 만들고 우리 몸에 숨어 있는
황금비를 직접 찾아봅니다.

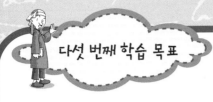

다섯 번째 학습 목표

1. 황금 비율 자를 만들어 사용해 봅니다.

2. 황금 비율 자를 사용하여 우리 몸의 황금비를 찾아봅니다.

미리 알면 좋아요

1. 피보나치수열에서 바로 인접한 두 수의 비율은 황금 비율에 가깝습니다.

$$\frac{5}{3} = 1.6666\cdots \qquad \frac{8}{5} = 1.6 \qquad \frac{13}{8} = 1.625 \qquad \frac{21}{13} = 1.615\cdots$$

$$\frac{34}{21} = 1.619\cdots \qquad \frac{55}{34} = 1.6176\cdots \qquad \frac{89}{55} = 1.618\cdots$$

2. 르네상스Renaissance 유럽 문명사에서 14세기부터 16세기 사이에 일어난 문예 부흥 운동을 말합니다. 르네상스의 구체적인 시기는 1400년부터 1530년의 130년 간입니다. 여기서 문예 부흥이란 구체적으로 14세기에서 시작하여 16세기 말에 유럽에서 일어난 문화, 예술 전반에 걸친 고대 그리스와 로마 문명의 재인식과 재수용을 의미합니다. 르네상스의 시작과 더불어 유럽은 기나긴 중세시대의 막을 내렸으며, 동시에 과학의 혁명을 통해 르네상스를 거쳐서 근세시대로 접어들게 되었다고 할 수 있습니다.

피보나치의
다섯 번째 수업

▨황금 비율 자

피보나치는 여러 개의 가위 모양으로 된 기구를 가지고 와서
아이들에게 주며 살펴보도록 하였습니다.

우리가 길이를 잴 때 자를 사용하는 것처럼 어떤 물체가 황금 비율을 갖는지를 알아볼 수 있는 도구가 있어요. 바로 그림과 같이 1:1.618의 황금 비율을 측정하는 **황금 비율 자**입니다.

이번 수업에서는 황금 비율 자를 직접 만들어 우리 몸에 있는 황금 비율을 찾아보겠습니다.

피보나치는 준비한 두꺼운 종이를 아이들에게 나누어 주고 황금 비율 자를 만들기 시작했습니다.

황금 비율 자 만들기

① 두꺼운 종이 위에 그림과
   같이 피보나치 수를 길이
   로 갖는 종이 띠 그림을
   그린다.

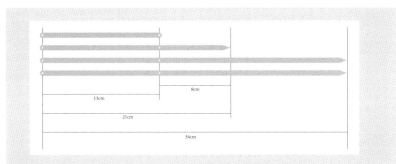

② ①에서 그린 종이 띠 그림을 오려 낸다.

③ 오린 종이 띠를 끈이나 핀을 이용하여 아래 그림과 같이 붙인다.

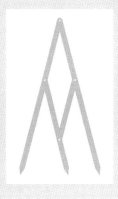

위의 그림에서 각 종이 띠의 길이를 피보나치 수로 한 이유는 피보나치수열에서 바로 인접한 두 개 숫자의 비율이 황금 비율에 가깝기 때문입니다.

이 자는 옆으로 늘여서 잴 수도 있고, 폭을 더 좁혀서 잴 수도 있

어요. 하지만 각각이 나타내는 길이의 비율은 일정하게 1.618:1을
유지합니다.

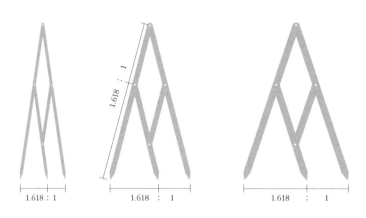

▨우 리 몸 은 황 금 분 할 의 집 합 체

여러분이 만든 황금 비율 자를 이용하면 물건이나 손마디 등의
신체 부위가 황금 분할로 나누어져 있는지를 바로 확인할 수 있
습니다. 각자 만든 자를 가지고 자기 신체의 일부분을 한번 재 보
세요.

어때요? 여러분의 몸에서 황금비를 나타내는 곳을 발견했나요?

피보나치가 들려주는 피보나치수열 이야기

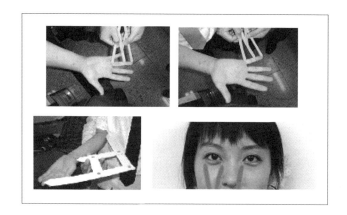

　황금 분할은 몸의 일부에서만 발견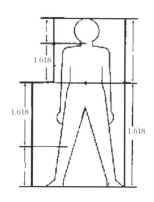되는 것이 아니라 몸 전체 길이에서도 나타납니다. 배꼽의 위치가 사람의 몸 전체를 황금 분할하고, 어깨의 위치가 배꼽 위의 상반신을, 무릎의 위치가 하반신을, 코의 위치가 어깨 위의 부분을 각각 황금 분할할 때, 가장 조화롭고 아름답다고 이야기하죠.

　그래서 미술을 하는 사람들이나 성형외과 의사들에게 황금비는 언제나 연구의 대상이 되고 있답니다. 인간의 신체 구조가 이렇기 때문에 의복에서도 상의와 하의의 길이, 허리선의 위치, 기타 솔기선이나 외곽선에 의한 분할 등에 황금비가 적용됩니다.

　다음 그림을 한번 감상해 볼까요?

〈비너스의 탄생〉

이 그림은 미술사를 통틀어 가장 아름답고 우아한 그림 중 하나로 손꼽히는 것으로, 화가 보티첼리가 그린 〈비너스의 탄생〉이라는 작품입니다. 언뜻 보기에도 환상적인 분위기와 함께 말로 표현하기 어려울 만큼의 아름다움을 담고 있는 이 그림은 사실 철저한 수학적 계산 끝에 탄생한 것이랍니다.

피보나치가 들려주는 피보나치수열 이야기

비너스 몸체의 각 길이를 재어 그 비율을 계산해 보면 보티첼리가 수학적 비례를 엄격히 적용하여 그렸다는 것을 확인할 수 있습니다. 보티첼리는 르네상스 시대의 화가로, 당시 대부분의 화가는 8등신의 인체와 더불어 얼굴에는 황금비를 적용시키는 인체 비례 이론을 철저히 따랐다고 합니다. 보티첼리의 그림에서는 비너스의 몸체뿐만 아니라 그림의 가로와 세로의 길이 또한 황금 비율을 지키고 있습니다.

여러분도 자신의 신체가 황금 분할로 나누어져 있는지 확인해 보고 싶지 않나요?

서로 옆에 있는 친구들의 신체 길이를 재어 주며 여러분의 몸도 황금 분할을 따르고 있는지 알아보도록 합시다.

피보나치는 한참 동안 아이들이 서로의 신체 치수를 재는 것을 지켜보고 서 있었습니다.

▨레오나르도 다 빈치와 비트루비우스의 인체 비례

얼마만큼의 시간이 지나자 피보나치는 주변을 정돈한 후 다시 영화 〈다 빈치 코드〉 이야기를 꺼냈습니다.

우리가 첫 시간에 이야기했던 영화 〈다 빈치 코드〉에서 자크 소니에르가 원호 안에 큰 대자 모양으로 죽어 있었다고 했는데, 기억나나요?

자크는 단순히 흥미를 끌기 위해 이 모양을 선택한 것은 아니었어요. '레오나르도 다 빈치'라는 힌트를 남기기 위해 의도적으로 이런 모양을 설정한 것이지요. 실제로 이것은 레오나르도 다 빈치와 밀접한 관련이 있어요.

피보나치가 들려주는 피보나치수열 이야기

원 안에 놓인 큰 대자의 인체 모양은 바로 레오나르도 다 빈치가 비트루비우스의 인체 비례론을 응용하여 그린 그림과 같은 것이었어요.

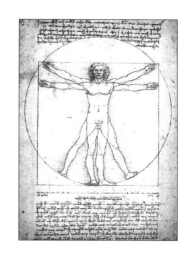

우선 이 그림에 대해 자세히 설명하기 전에 '비트루비우스 Vitruvius Pollio, Marcus'라는 사람에 대해 알아볼까요?

비트루비우스는 기원전 1세기 로마 사람입니다. 건축가인 그는 10권의 《건축서》를 남겼는데 이것은 유럽의 건축가에게 큰 영향을 끼쳤으며 오늘날 고대 건축 연구에 있어서도 귀중한 자료가 되고 있습니다.

르네상스를 대표하는 예술가인 레오나르도 다 빈치가 도대체 비트루비우스에게서 어떤 영향을 받았을까요?

비트루비우스는 《건축서》에 신전 건축의 규준을 설명하는 글을 남겼는데, 거기에 다음과 같은 말이 쓰여 있었어요.

......

인체는 비례의 모범형이다. 왜냐하면 팔과 다리를 뻗음으로써 완벽한 기하 형

태인 정방형과 원에 딱 들어맞기 때문이다.

......

자연이 만들어 낸 인체의 중심은 배꼽이다. 누워서 팔 다리를 뻗은 다음 배

꼽에 컴퍼스 중심을 맞추고 원을 그리면 두 팔의 손가락 끝과 두 발의 발가락

끝이 원에 붙는다.

......

정사각형으로도 된다. 발바닥에서 정수리까지 잰 사람의 키는 두 팔을 가로

벌린 너비와 같기 때문이다.

......

비트루비우스의 인체 모양을 레오나르도 다 빈치가 처음으로
나타낸 것은 아니에요. 그 이전에도 나타났지만 세상에 널리 알려
지게 된 것은 레오나르도 다 빈치가 그린 그림에 의해서였지요.

비트루비우스의 말을 바탕으로 그린 그림에서 레오나르도 다
빈치는 '두 팔을 벌린 길이가 신장과 같다'는 것을 보여 주기 위
해 '다리를 모으고 양팔을 옆으로 벌린 채 서 있는' 인체 주위에
정사각형을 그려 넣었어요. 또 '두 다리를 신장의 4분의 1만큼

벌리고 팔을 정수리 높이까지 올린 다음, 두 발과 뻗친 팔을 지나는 원을 그림으로써 그 중심이 배꼽이 되며, 두 다리 사이의 공간은 정확한 이등변삼각형이 된다' 는 것을 보여 주었습니다.

레오나르도 다 빈치는 비트루비우스의 영향을 받아 인간 뼈 구조의 정확한 비율을 알아내기 위해 실제로 재어 보았습니다. 이로써 인체에 황금 비율이 숨어 있음을 알게 되었습니다.

∴ 다섯번째
수업 정리

❶ 이웃하는 두 피보나치 수의 비율이 황금 비율과 거의 일치하므로 피보나치 수 길이를 갖는 종이 띠를 사용하여 황금 비율 자를 만들 수 있습니다.

❷ 황금 비율 자를 이용하여 우리 몸의 여러 곳을 재 보면 황금 비율을 나타내는 곳이 많다는 것을 알 수 있습니다. 예를 들어, 배꼽의 위치가 사람의 몸 전체를 황금 분할하고, 어깨의 위치가 배꼽 위의 상반신을, 무릎의 위치가 하반신을, 코의 위치가 어깨 위의 부분을 각각 황금 분할합니다.

❸ 보티첼리와 레오나르도 다 빈치도 황금비의 매력에 빠져 그림의 구도를 잡을 때나 인체를 그릴 때 이 황금비를 적용하였습니다.

황금비가
만드는
수학적 미인

우리 얼굴에 숨어 있는 황금비에 대해 알아보고,
이것이 미인을 판단하는 한 기준이
될 수 있다는 것에 대해 알아봅니다.

황금 비율이 미인을 판단하는 한 가지 기준이 될 수 있음을 알 수 있습니다.

미리 알면 좋아요

대칭 점이나 직선 또는 평면을 중심으로 양쪽에 있는 부분이 꼭 같게 배치되어 있는 것을 말합니다. 이때 점인 경우에는 점대칭, 직선인 경우에는 선대칭, 평면인 경우에는 면대칭이라고 합니다.

피보나치는 수업에 들어오자마자 칠판에 '미인과 수학' 이라고 썼습니다.

미인과 수학이라? 전혀 어울릴 것 같지 않은 단어들이죠? 이번 수업 시간에는 아무런 연관성이 없어 보이는 이 두 단어 사이에 어떤 관련이 있는지 알아보도록 하겠습니다.

요즘 미인을 가리켜 '얼짱, 조각 미녀'라는 말을 사용하죠? 시대와 지역을 초월하여 누구나에게 최고의 관심사이자 부러움의 대상인 미인, 얼짱, 조각 미녀를 판단하는 기준은 무엇일까요?

이들 미인들의 얼굴을 꼼꼼히 살펴보면 비슷한 특징을 가지고 있다는 것을 알 수 있어요. 한국인이든 유럽인이든 지역에 상관없이 미인들의 얼굴에는 아주 특별한 수학적 규칙이 공통적으로 숨겨져 있어요. 지금부터 그 비밀을 파헤쳐 보기로 합시다.

미인을 구분하는 첫 번째 비밀은 좌우가 똑같은 좌우 대칭형 얼굴입니다. 반으로 접어 완전히 포개지는 좌우 대칭형 얼굴은 비대칭 얼굴에 비해 보다 많은 사람들의 시선을 끌게 되죠.

그렇다면 좌우 대칭인 모든 얼굴을 미인이라고 할 수 있을까요? 결코 그렇지는 않죠? 좌우 대칭이지만 눈이 매우 작거나 얼굴이 지나치게 클 경우 미인이라고 하지는 않잖아요. 따라서 모든 사람들이 인정하는 미인의 얼굴에는 좌우 대칭 이상의 또 다른 뭔가가 더 필요함을 알 수 있습니다.

쉽게 이해되지는 않겠지만 그것은 다름 아닌 아주 특별하면서도 신비스러운 수학적 규칙이랍니다. 이 수학적 규칙은 좌우 대칭은 물론 눈, 코, 입의 비례 및 위치가 잘 조화를 이루는 대단한

피보나치가 들려주는 피보나치수열 이야기

힘을 가지고 있어요. 무엇일까요? 바로 균형과 조화미의 상징인 황금 비율이에요.

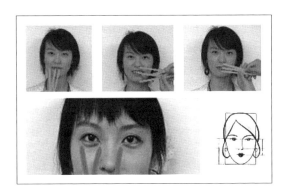

우리가 앞에서 만들어 본 황금 비율 자를 이용하여 세계 최초로 사람 얼굴 곳곳에 존재하는 황금 비율을 밝혀낸 사람이 있어요. 바로 미국을 대표하는 성형학 권위자 중의 한 사람인 스테판 마커트 박사입니다.

그는 얼굴 모든 부분에서 황금 비율을 측정할 수 있는 얼굴이 바로 미인의 얼굴이라 말하고, 이 황금 비율을 적용하여 다음과 같은 '황금 비율 마스크'를 만들었습니다.

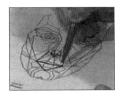  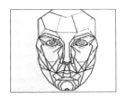

이름에 걸맞게 이 마스크는 얼굴의 모든 구성 부위별 거리가 1.618:1의 황금 비율을 유지하고 있어요. 실제로 그의 마스크는 인종에 관계없이 백인 미인에서 흑인 미인, 동양 미인의 얼굴에까지 길이를 재어 맞춘 것처럼 완벽하게 들어맞습니다.

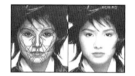

이것은 고대 이집트의 조각상, 미의 여신 비너스 상은 물론 현대 유명 배우의 얼굴, 나아가 우리나라의 미인에게까지도 일치합니다.

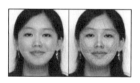

하지만 미인이 아닌 일반인에게 황금 비율 마스크를 씌우면 잘 맞지 않는 것을 쉽게 확인할 수 있습니다. 여러분 얼굴에도 이 황금 비율 마

피보나치가 들려주는 피보나치수열 이야기

스크가 잘 맞는지 확인해 보고 싶지 않나요?

그렇다면 전문가가 아닌 일반인들도 황금 비율에 맞는 얼굴이 가장 아름다운 얼굴이라고 생각할까요?

이것을 알아보기 위해 간단한 실험을 했어요.

황금 비율 마스크와 일치하는 동양인 얼굴의 눈, 코, 입을 조금씩 조절해 황금 비율이 맞지 않는 얼굴 여러 개를 만들고, 황금 비율이 맞는 얼굴과 함께 큰 종이에 한꺼번에 붙인 다음, 뉴욕 시민들에게 보이고 미인이라고 생각하는 얼굴을 골라 보도록 했습니다. 황금 비율에 맞는 동양인 얼굴을 찾을 수 있는지를 알아보는 실험이었어요.

길거리의 여러 인종의 사람들이 이 실험에 참여했습니다. 과연 실험 결과는 어떻게 나왔을까요? 실험에 참여한 뉴욕 시민 중약 60%가 고른 가장 아름다운 얼굴은 바로 황금 비율 마스크와정확히 일치하는 얼굴이었다고 합니다.

이 실험으로 보아 많은 사람들이 공통적으로 아름답다고 느끼는 얼굴에는 곳곳에 황금비의 수학적 규칙이 숨어서 균형과 조화미를 발산하고 있다는 것을 알 수 있습니다. 따라서 '미인'이란바로 황금비가 만드는 수학적 미인을 가리키는 것은 아닐까요?

피보나치가 들려주는 피보나치수열 이야기

수업 정리

❶ 미인의 얼굴을 판단하는 기준 중 한 가지로 황금 비율을 들 수 있습니다.

❷ 얼굴의 모든 구성 부위별 거리가 1.618:1의 황금 비율을 유지하도록 만든 '황금 비율 마스크'는 미인의 얼굴에는 딱 들어맞지만 그렇지 않은 사람에게는 잘 맞지 않습니다. 따라서 미인이란 바로 황금비가 만드는 '수학적 미인'이라 할 수 있습니다.

피보나치 수의
기하학적 모습,
황금 나선

피보나치 수를 이용하여 그린 황금 나선의 정의와
그 특징에 대해 알아봅니다.

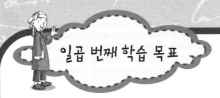

일곱 번째 학습 목표

1. 피보나치 수를 이용하여 황금 나선을 그릴 수 있습니다.

2. 황금 나선의 특징을 알 수 있습니다.

미리 알면 좋아요

1. **사분원** 한 개의 원을 직교하는 두 지름으로 나눈 네 부분 중 하나를 말합니다.
그림으로 나타내면 다음과 같습니다.

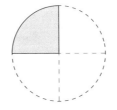

2. **접선** 곡선과 한 점에서 만나는 직선을 말합니다. 이때 곡선과 만나는 점을 접
점이라 합니다. 곡선이 원인 경우에 대해서 그림으로 나타내면 다음과 같습니다.

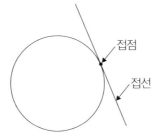

피보나치의
일곱 번째 수업

피보나치는 소라 모양의 바다 생물 사진을 한 장 들고 들어왔습니다.

황금비가 만드는 아름다움은 사람에게서만 찾을 수 있는 것은 아니에요. 이번 수업 시간부터는 황금비가 자연에서 어떻게 아름다움과 신비로움을 발산하는지 알아보도록 하겠습니다.

이 사진의 주인공은 누구일까요? 인도양이나 태평양에 주로 서식하는 앵무조개입니다. 소라 모양의 이 앵무조개는 이름이나 생김새와는 달리 오징어, 낙지와 비슷한 종류예요. 그 껍질의 속을 들여다보면 대략 35개 정도의

앵무조개

방으로 나눠져 있는데 이 방들은 그림과 같이 나선 모양으로 돌돌 감겨져 있어요.

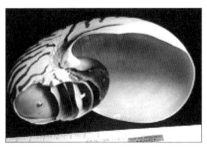 

이 앵무조개에서 발견할 수 있는 아름다운 나선의 모양을 특히 황금 나선이라고 합니다. 앞에서 이야기했었던 황금 사각형을 기본 틀로 해서 만들기 때문에 이런 이름이 붙여졌지요.

피보나치가 들려주는 피보나치수열 이야기

이 황금 나선은 쉽게 그릴 수 있습니다. 지금부터 함께 그려 볼까요?

① 한 변의 길이가 1인 정사각형을 그리세요.

1

② 이 정사각형과 합동인 정사각형을 바로 이웃하게 붙여서 그려 보세요.

1 1

③ 이번에는 두 개의 정사각형을 붙인 기다란 직사각형 긴 변의 길이를 한 변으로 하는 정사각형을 역시 이웃하게 붙여서 그리세요. 이때 새로운 사각형을 그리는 방향은 항상 같아야 합니다. 새롭게 이어 붙이는 사각형을 시계 방향으로 그렸으면 그 다음에 붙이는 사각형도 시계 방향으로 붙여 그려야 합니다.

④ 마찬가지로 세 정사각형을 붙인 기다란 직사각형 긴 변의 길이를 한 변으로 하는 정사각형을 역시 이웃하게 붙여서 그리세요.

⑤ 이와 같은 방법으로 계속해서 정사각형을 그리면 다음과 같은 모양의 사각형이 만들어집니다.

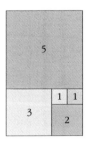

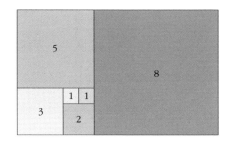

：

그런데 이 사각형에 쓰인 숫자들을 살펴보세요.

"피보나치 수들이 아닌가요?"

맞습니다! 처음의 정사각형으로부터 시작하여 새롭게 그려지는 정사각형 한 변의 길이를 살펴보면 1, 1, 2, 3, 5, 8, 13, 21, …과 같이 피보나치수열을 이룬다는 것을 알 수 있습니다.

이제 종이에 그릴 수 있는 데까지 정사각형을 그린 후 정사각형을 그린 방향과 같은 방향으로 각 정사각형 안에 사분원을 그려 보세요.

그러면 다음 그림과 같은 황금 나선이 그려지는 것을 바로 알 수 있어요. 이렇게 그려진 황금 나선은 **등각 나선**이라고 부르기도 합니다. 이 등각 나선은 피보나치 수를 이용해 만들기 때문에 **피보나치 나선**이라고도 합니다.

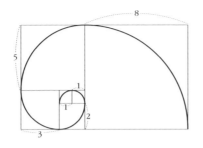 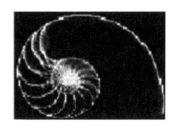

여기서 잠깐! 피보나치 나선이라 부르는 이유는 알겠는데, 등각 나선이라고 부르는 이유는 무엇일까요?

이것도 나름의 이유가 있습니다. 위의 방법으로 그린 나선은 나선 위 임의의 점에서 그은 접선과 그 접점에서의 중심에 이르는 선분이 이루는 각의 크기가 모두 같기 때문입니다.

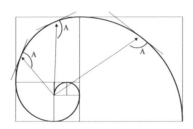

그런데 등각 나선인 이 황금 나선은 매우 흥미로우면서도 중요한 특성을 가지고 있습니다.

등각 나선의 각 사분원과 그 반지름이 일정한 비율 1.618을 유지하며 무한대로 팽창한다는 것이지요. 이 특성은 다른 어느 모형에서도 찾아볼 수 없는 매우 독특한 것이랍니다.

이것은 고대 이집트인들이 생각한 사후 세계, 즉 일정하게 팽창하는 무한한 공간과 무한대의 시간이 존재한다는 것과 일치해요. 이런 이유로 이집트인들은 피라미드를 건축할 때 황금 나선의 황금 비율을 매우 중요한 기준으로 삼았답니다.

황금 나선은 태풍, 은하수의 형태에서도 발견되고 있습니다. 또 최근에는 태양계 내의 각 행성들 간의 거리가 임의대로 배치된 것이 아니고 피보나치수열을 따르는 등각 나선으로 배열되어 있다는 주장이 나와 많은 사람들의 흥미를 끌기도 했습니다.

황금 비율이 나타내는 이러한 신비로움에 흠뻑 빠진 20세기 미국의 철학자 홀은 '우주의 모든 것은 생명이 있고, 그것들은 끝없이 생장, 팽창하며 그 기준과 규칙은 황금 비율이다. 따라서 황금 비율이야말로 신의 형태를 드러내 주는 현상적 기준이다'라고 말하기도 했습니다. 심지어 아이작 뉴턴은 황금 나선 구조를 자신의 침대 머리맡에 새겨 놓기도 했답니다.

일곱번째
수업 정리

① 변의 길이가 피보나치 수인 정사각형들을 아래 그림과 같이 붙인 다음 각 정사각형 안에 시계 방향으로 사분원을 그리면 '황금 나선'이 그려집니다.

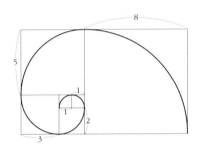

② 황금 나선은 나선 위 임의의 점에서 그은 접선과 그 접점에서의 중심에 이르는 선분이 이루는 각의 크기가 모두 같아서 '등각 나선'이라고도 부릅니다. 또 피보나치 수를 이용해 만들기 때문에 '피보나치 나선'이라고도 합니다.

피보나치 수 마법에 걸린 식물들

식물의 꽃잎 수나 잎차례, 나무의 가지치기,
해바라기의 씨앗 배치 방법, 솔방울 포의 배치 방법 등이
피보나치 수를 따르는 이유에 대해 알아봅니다

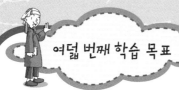

여덟 번째 학습 목표

1. 식물의 꽃잎 수, 잎차례, 가지치기가 피보나치 수를 따르는 이유를 알아봅니다.

2. 해바라기 씨앗이나 파인애플 껍질 비늘이 피보나치 수에 따라 배치되는 이유를 알아봅니다.

미리 알면 좋아요

개도 잎이 새로 나기 시작하면서 두 장의 잎이 이루는 각도를 말합니다. 예를 들어, 처음 세기 시작한 잎과 이후 다섯 번째 잎이 바로 위아래에 수직으로 위치할 경우에 처음에 나온 잎과 두 번째 나온 잎은 $144°$를 이루며, 세 번째 잎이 바로 위아래에 수직으로 위치할 경우에는 $120°$를 이룹니다.

피보나치의
여덟 번째 수업

▨ 네잎 클로버를 쉽게 찾을 수 없는 이유

피보나치와 아이들은 오늘 공원에서 야외 수업을 하기로 했습니다. 피보나치는 클로버가 무성하게 있는 곳으로 아이들을 데리고 가더니 함께 네잎 클로버를 찾아보자고 제안했습니다. 아이들은 여기저기 흩어져 열심히 네잎 클로버를 찾기 시작했습니다. 하지만 찾기가 쉽지 않은지 한참이 지나도록 '찾았다!' 고 외치는 아이가 없었습니다.

행운을 가져다 준다는 네잎 클로버! 시간 가는 줄 모르고 네잎 클로버를 찾아본 기억이 있죠? 네잎 클로버는 쉽게 발견되지 않는 경우가 많아요. 왜 그럴까요?

그 이유를 알아보기 위해 클로버가 아닌 다른 꽃잎이나 풀잎들을 살펴보기로 합시다.

자! 지금부터 주변의 꽃들을 섬세하게 살펴보세요. 그리고 꽃들마다 꽃잎이 모두 몇 장씩인지 세어 보세요.

백합 1장   타이거베고니아 2장   연령초 3장

노랑제비꽃 5장   해바라기 8장   데이지 34장

"1장, 2장, 3장, 5장, 8장, …."

대부분이 1, 2, 3, 5, 8, 13, 21, 34장의 꽃잎을 가지고 있다는 것을 알 수 있지요? 보통 7월에서 10월 사이에 피는 쑥부쟁이는 종류에 따라 무려 55장과 89장의 꽃잎을 가진 것들도 있다고 합니다.

그런데 혹시 이 수들을 본 적이 있지 않나요? 맞아요, 피보나치 수예요.

우연일까요? 전혀 그렇지 않습니다. 이 꽃들은 피보나치 수라는 수학적 규칙을 이용하여 자신만의 아름다움을 보여 주고 있어요.

그럼 꽃잎이 피보나치 수를 택하는 이유는 무엇일까요? 꽃이 활짝 피기 전까지 꽃잎은 봉오리를 이루어 내부의 암술과 수술을 보호합니다. 이때 꽃잎들이 이리저리 겹치면서 가장 효율적인 모양으로 암술과 수술을 감싸기 위해 피보나치 수만큼의 꽃잎을 필요로 한다고 합니다.

자, 이제 네잎 클로버를 쉽게 찾을 수 없는 이유를 발견했나요?

바로 식물이 특별한 패턴, 피보나치 수를 택하고 있기 때문이죠! 피보나치 수 중에서 클로버는 잎이 세 개인 패턴을 따르고 있기 때문에 네잎 클로버를 발견하기가 어려운 거랍니다.

▨풀잎의 공간 활용 디자인 감각

이번에는 길가에 아무렇게나 자라는 풀잎을 살펴보면서 잎들
이 어떻게 배열되어 있는지 잎차례를 자세하게 알아봅시다.

아이들은 피보나치의 말이 끝나자마자 삼삼오오 모여서 풀잎
을 관찰하기 시작했습니다. 대부분의 아이들은 자신들이 관찰한
내용을 노트에 정리하였습니다. 한참 후 피보나치는 아이들을
불러 모으고 관찰한 내용에 대하여 아이들과 이야기하기 시작했
습니다.

여러분이 관찰한 풀잎들은 어떻게 배열되어 있나요?

"서로 마주보면서 나는 것들도 있고마주나기, 엇갈려 나는 것도 있어요어긋나기. 또 질경이처럼 한꺼번에 모여서 나는 것도 있어요모여나기."

아이들은 제각각 자신들이 관찰한 내용을 말하였습니다. 한 가지만 발견한 아이도 있고, 두 가지, 세 가지를 발견한 아이도 있었습니다.

잘 찾았군요. 실제로 잎차례에는 마주나기, 어긋나기, 모여나기 외에도 여러분이 관찰하지 못한 돌려나기가 있습니다.

이번 수업 시간에는 이 중에서 가장 흔한 잎차례인 어긋나기에 숨겨진 자연의 오묘하고 신비로운 수학적 비밀을 벗겨 보도록 하겠습니다.

줄기를 중심으로 하여 잎이 어긋나는 경우 '두 장의 잎이 이루는 각도'를 조사해 보면 흥미롭게도 수학적 규칙을 가지고 있다

는 것을 확인할 수 있습니다. 식물학에서는 이 각도를 **개도**開度
라고 부릅니다.

식물의 개도에 관하여 최초로 언급한 사람은 레오나르도 다 빈
치입니다. 그는 자연을 결코 평범한 것으로 보지 않고 자연 속에
는 놀라운 것이 숨어 있다고 생각했습니다. 그래서 항상 자연을
꿰뚫어 보는 자세를 가졌는데 그 결과 실제로 놀라운 사실을 발
견하게 되었습니다.

대부분의 풀들은 어느 잎에서든 줄기를 따라 세어 보면 처음
세기 시작한 잎과 이후 다섯 번째 잎은 거의 바로 위아래로, 즉
수직으로 위치해 있다는 것입니다.

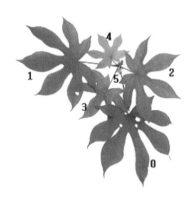

다 빈치는 관찰을 통해 이 경우 각 잎이 대체로 $360° \times \dfrac{2}{5}$
$=144°$를 이루며 새 잎이 돋아난다는 사실을 발견했습니다.

피보나치가 들려주는 피보나치수열 이야기

개도는 두 잎 사이 각의 크기를 나타내는 것이지만 실제로는 각도로 표시하는 것보다 분수로 나타내는 것이 편리한 점이 많습니다.

이때 분모는 몇 번째 잎에서 처음 세기 시작한 잎과 수직으로 겹치는지를 나타내고, 분자는 그 잎에 도달하기까지 나선을 따라 돌아간 회전수를 표시합니다. 예를 들어, $\frac{2}{5}$는 처음 세기 시작한 이후로 5번째 잎이 수직으로 겹치고 그 잎까지는 나선을 따라 정확히 2바퀴 돌아야 도달한다는 것을 나타내는 거죠. 따라서 2번째, 3번째, 5번째, 8번째, 13번째에 잎이 겹치는 경우에 개도는 각각 $\frac{1}{2}$, $\frac{1}{3}$, $\frac{2}{5}$, $\frac{3}{8}$, $\frac{5}{13}$와 같이 나타낼 수 있습니다. 전체 식물의 90%가 이 피보나치수열의 잎차례를 따르고 있다고 해요.

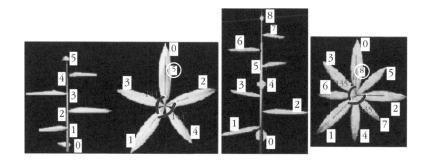

나선 잎차례에 의해 계산된 개도 $\frac{1}{2}$, $\frac{1}{3}$, $\frac{2}{5}$, $\frac{3}{8}$, $\frac{5}{13}$는 점차 137.5°에 가까워짐을 알 수 있습니다.

$$360° \times \frac{1}{2} = 180°$$

$$360° \times \frac{1}{3} = 120°$$

$$360° \times \frac{2}{5} = 144°$$

$$360° \times \frac{3}{8} = 135°$$

$$360° \times \frac{5}{13} = 138.46\cdots°$$

135°의 경우, 위에서 내려다보면 잎들이 나선형으로 서로 빗겨 가며 햇빛을 받아들이고 있다는 것을 확인할 수 있습니다. 이 피보나치 잎차례는 일정한 각도만큼의 간격으로 새순이 나고 또 잎이 커지면서 잎자루도 길게 자라 잎들끼리 서로 겹쳐지는 것을 방지하는 데 주요한 역할을 합니다. 그 효율이 최대가 되는 것은 대략 137.5°일 때입니다.

식물에게 있어서는 무엇보다도 얼마나 햇빛에 잘 노출되느냐 하는 것이 가장 중요하겠지요? 식물이 성장하는 데 있어 이런 중요한 기능이 무시될 수는 없을 것입니다. 따라서 식물이 나타내는 특이한 각도는 보다 많은 햇빛을 얻기 위한 식물만의 계산된 디자인의 결과가 아닐까요?

▨햇빛을 나눠 갖는 가지치기의 비밀

이왕 야외에 나왔으니 이번에는 나무들을 살펴보기로 합시다.

나무들도 피보나치수열이라는 수학적 규칙에 따라 성장하고 있다는 것을 알고 있나요?

피보나치의 질문을 받자마자 아이들은 서로 약속이라도 한 듯이 모두 바로 옆에 서 있는 나무를 쳐다보았습니다. 그리고는 나무의 어느 부분이 피보나치수열과 관련 있는지를 알아보기 위해 관찰하기 시작하였습니다.

그 비밀은 바로 나뭇가지의 수입니다. 나뭇가지를 보면 처음에는 한 개의 가지가 자라다가단계1 2개의 가지로 나뉘어 있는 것

을 볼 수 있어요.단계2

나무가 자라면서 쳐 나가는 가지의 숫자도
피보나치수열에 따라 늘어난다

두 개의 가지로 성장하다가 어느 순간 영양분이나 생장 호르몬
이 균등하게 분배되지 않아 한 가지가 다른 가지보다 왕성하게
성장합니다. 그래서 생장이 빠른 가지는 2개의 가지로 갈라지고,
그렇지 않은 가지는 그대로 자라게 되죠.단계3

한 번 쉬었던 가지는 그 다음 단계에서 두 개의 가지로 갈라지
는 식으로 나뭇가지는 점점 뻗어 나간답니다. 이에 따라 아래에
서부터 나뭇가지의 개수를 세어 보면 1, 2, 3, 5, 8, 13, …이 되
는데, 이 과정이 계속 되풀이될 경우 이 나무는 피보나치수열을
이루는 가지치기를 하게 되는 거죠.

나무가 이와 같이 특별한 방식으로 가지치기를 하는 데에도 이
유가 있습니다. 풀잎의 잎차례가 어긋나 있는 것과 마찬가지로
아래의 가지가 햇빛을 최대한 많이 받도록 하기 위한 나무만의
계산된 성장방식이지요.

피보나치가 들려주는 피보나치수열 이야기

실제로 나무를 살펴보면 완전한 피보나치수열을 따르는 나무를 찾기는 어렵습니다. 그것은 그 나무의 성장에 영향을 주는 환경적 요인들이 작용하기 때문이죠. 예전에는 식물의 DNA가 피보나치수열을 만들어 낸다고 생각했답니다. 그러나 요즘에는 식물의 씨앗이나 잎이 먼저 나온 씨나 잎을 비집고 새로 자라면서 환경에 적응해 최적의 성장 방법을 찾아가는 과정에서 자연스럽게 피보나치수열이 형성된다고 생각하는 학자들이 많아졌어요.

▨ 해바라기와 솔방울의 피보나치 수 마법

지금까지는 식물 잎의 개수나 가지치기에 피보나치 수가 주요한 영향을 미친다는 것에 대해 알아보았습니다. 그런데 식물의 씨앗 배치에서도 이 피보나치 수를 발견할 수 있답니다.

피보나치는 공원 화단에 심어져 있는 해바라기 옆으로 아이들을 데리고 갔습니다. 이 해바라기에는 또 어떤 비밀이 숨어 있는지 궁금해진 아이들은 빨리 알려 달라고 피보나치를 재촉하였습니다.

해바라기 꽃의 내부를 자세히 살펴볼까요?

꽃 속의 씨앗들은 나선 모양을 이루며 두 가지 다른 방향으로 배열되어 있습니다. 하나는 시계 방향으로 배열되어 있고, 다른 하나는 시계 반대 방향으로 배열되어 있음을 알 수 있어요.

피보나치는 잠시 말을 멈추고 아이들이 두 방향으로 나 있는 나선의 수를 세어 보도록 하였습니다. 도중에 잘못 센 아이들도 있었지만 대부분의 아이들은 나선의 수가 21개와 34개라고 답하였습니다.

맞습니다, 두 방향의 나선 수를 세어 보면 각각 21개와 34개예요. 종류에 따라 55개와 89개인 것도 있고, 큰 해바라기는 심지어 89개, 144개인 경우도 있어요.

피보나치가 들려주는 피보나치수열 이야기

그런데 이 씨앗의 배열에 따른 나선의 수들은 공통점을 가지고 있습니다. 두 수가 서로 인접한 피보나치 수라는 것과, 그 비율을 계산해 보면 모두 $\frac{21}{34}$ = 0.618, $\frac{55}{89}$ = 0.618, $\frac{89}{144}$ = 0.618이라는 거예요.

왜 하필 0.618일까요?

만약 그 비율이 0.618이 아니라 0.5라면 어떻게 될까요?

0.5의 비율로 시계 방향과 시계 반대 방향으로 나선이 있다고 해 봅시다. 이것은 $0.5=\frac{1}{2}$회전할 때마다 씨앗이 하나씩 생긴다는 것을 뜻해요. 따라서 1회전할 때는 2개의 씨앗이 생기게 되어 씨앗은 긴 직선 모양으로 놓이게 될 것입니다. 이렇게 되면 해바라기 꽃 머리에는 일직선으로 씨앗이 배열되고 빈공간이 많이 생겨 공간 이용 측면에서 매우 비효율적이겠지요.

그 비율이 $0.48=\frac{12}{25}$일 때는 0.48회전마다 한 개의 씨앗이 생겨 12회전마다 25개의 씨앗이 들어차게 되지요. 0.48은 0.5보다 작지만 매우 가까운 값이므로 씨앗들은 직선에서 약간씩 빗겨나면서 놓이게 되겠지요? 그 결과 씨앗은 팔랑개비[4] 같은 나선 모양으

❹ 팔랑개비 바람이 불면 빙빙 돌아가는 어린이의 장난감 중 하나. 빳빳한 종이나 색종이를 여러 갈래로 자르고 그 귀를 구부려 한 데 모은 곳에 철사 따위를 꿰어 가늘고 길쭉한 막대에 붙여서 만든다.

로 놓이게 될 것입니다. 그러면 13번째로 회전할 때는 처음의 씨앗과 같은 직선상에 또 하나의 씨앗이 놓이게 되겠죠. 따라서 비율이 0.48인 경우에는 0.5에 비해서 보다 효율적으로 공간을 활용했다고 할 수 있습니다.

그럼 비율이 $0.618 = \frac{21}{34}$인 경우는 어떨까요?

이 경우에 씨앗들은 21번 회전할 때마다 정확히 34개씩 놓이게 됩니다. 이것은 0.48에 비해 더 많은 씨앗을 촘촘하게 채울 수 있다는 것이죠. 따라서 0.618은 0.48에 비해 보다 효율적으로 공간을 활용하고 있다는 것을 뜻합니다.

이것으로 보아 씨앗이 조금씩 어긋나게 배열될수록 그만큼 공간을 효율적으로 사용할 수 있다는 것을 알 수 있어요.

실제로 해바라기 씨앗들은 피보나치수열의 값으로 배열되어 중간에 밀집되거나 가장자리 부분의 엉성함 없이 균일하게 배열되어 있어요.

씨앗이 피보나치수열을 선택한 이유를 알겠죠? 피보나치수열로 빈틈없이 배열된 씨앗은 비바람에도 잘 견딜 수 있고, 외부의 위험으로부터도 보다 안전합니다.

언제 주웠는지 피보나치는 몇 개의 솔방울을 아이들에게 주며 관찰하게 하였습니다.

해바라기 씨앗과 같은 배치는 파인애플 비늘이나 솔방울에서도 찾아볼 수 있어요. 솔방울의 포는 소나무의 잎들이 좁은 공간에 압축되어 변형된 것이에요. 이들 또한 두 방향으로 나선 모양의 배열을 이루고 있어요. 나선의 개수를 세어 보면 8~13 또는 13~21줄로 피보나치 수와 일치합니다.

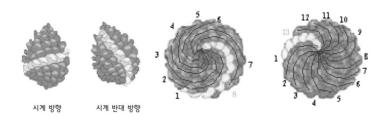

시계 방향   시계 반대 방향

파인애플도 맨 위부터 아랫부분까지 겉을 감싼 껍질이 나선 모양으로 되어 있어요. 시계 방향인 나선과 시계 반대 방향인 나선을 찾을 수 있는데, 나선의 개수를 세어 보면 시계 방향 나선이 8줄, 시계 반대 방향 나선이 13줄 있어요.

파인애플과 솔방울이 피보나치 수만큼의 나선을 갖는 이유는
역시 불필요한 부분을 최소로 하면서 비늘이나 포를 균일하고
촘촘하게 배열시키기 위해서이지요.

필요 없이 낭비하는 공간을 최소화하기 위해 식물이 선택한 피
보나치 수 개수만큼의 나선! 이것은 해바라기와 솔방울, 파인애

피보나치가 들려주는 피보나치수열 이야기

플 등의 식물이 자연에서 오랜 적응의 과정을 거치며 터득한 나름의 생존 법칙이라고 할 수 있어요. 식물에서 찾아볼 수 있는 매우 특별한 수학적 질서인 피보나치 수는 신비스럽기까지 합니다.

∴ 여덟번째 수업 정리

❶ 대부분의 꽃잎은 피보나치수열을 따르고 있어 그 '잎의 수'를 세어 보면 1장, 2장, 3장, 5장, 8장, 13장, 21장, 34장, …으로 되어 있습니다. 이것은 네잎 클로버가 쉽게 발견되지 않는 이유이기도 합니다.

❷ 가지를 중심으로 하여 잎이 어긋나기로 나는 경우 전체 식물의 90%는 햇빛을 최대한 많이 받기 위해 피보나치수열의 '잎차례'를 따릅니다. 그 효율이 최대가 되는 것은 처음 센 잎과 바로 위아래에 수직으로 있는 잎 사이 각의 크기가 대략 137.5°일 때입니다.

❸ 나무의 '가지치기'도 아래의 가지가 햇빛을 최대한 많이 받도록 하기 위해 피보나치수열을 따릅니다.

❹ 해바라기 씨앗이나 파인애플 껍질 비늘, 솔방울의 포 등은 낭비하는 공간을 최소화하기 위해 역시 피보나치 수 개수만큼의 나선으로 배치되어 있습니다. 이렇게 피보나치수열로 빈틈없이 '배열된 씨앗'은 비바람에도 잘 견딜 수 있고, 외부의 위험으로부터도 보다 안전합니다.

건축 속
피보나치 수

고대 건축물인 피라미드와 파르테논 신전,
영주 부석사의 무량수전에 나타나는
황금비에 대해서 알아봅니다.

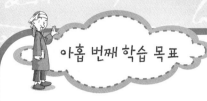

아홉 번째 학습 목표

황금비가 적용된 파르테논 신전과 피라미드, 영주 부석사 무량수전이 아름답게 보이는 이유를 알 수 있습니다.

미리 알면 좋아요

1. **파르테논 신전** 그리스 아테네의 아크로폴리스 언덕에 있는 신전을 말합니다. 고대 아테네의 주신인 아테나이 파르테노스를 모신 신전으로, 기원전 5세기에 조각가 피디아스Phidias가 건축하였습니다.

2. **영주 부석사 무량수전** 부석사는 676년문무왕 16년 의상국사가 왕명으로 창건한 사찰입니다. 이 절의 본전인 무량수전은 1376년에 재건된 것으로 기록되어 있으나, 정확한 건립연대는 알 수 없습니다. 《삼국유사》에 있는 설화를 보면, 의상대사가 당나라에서 유학을 마치고 귀국할 때 그를 흠모한 여인 선묘가 용으로 변해 이곳까지 따라와서 줄곧 의상대사를 보호하면서 절을 지을 수 있게 도왔다고 합니다. 이곳에 숨어 있던 도적떼를 선묘가 바위로 변해 물리친 후 무량수전 뒤에 내려앉았다고 전합니다. 그래서인지 무량수전 뒤에는 '부석浮石'이라고 새겨져 있는 바위가 있습니다.

피보나치의
아홉 번째 수업

아홉 번째 수업

▨ 파르테논 신전, 피라미드, 부석사 무량수전

피보나치는 아테네의 파르테논 신전과 이집트 피라미드, 영주 부석사 무량수전의 사진을 가지고 들어와 칠판에 붙였습니다.

이번 시간에는 피보나치수열과 황금비가 건축물 속에 어떻게 스며들어 건축물의 균형감과 안정감, 아름다움을 드러내는지에 대해 알아보겠습니다.

파르테논 신전Parthenon 神殿

피라미드pyramid

부석사 무량수전浮石寺無量壽殿

먼저 사진을 보세요. 위엄을 한껏 드러내면서도 이루 말할 수 없이 아름답죠?

처음 두 사진은 고대의 것으로 석조 건축물이에요. 아테네의 파르테논 신전은 기원전 440년에 세워진 것이고, 이집트의 피라미드는 대략 기원전 3000년경에 건축되었어요. 기원전 건물이면 건축한 지 벌써 2500년, 5000년의 세월이 흘렀다는 것인데 저렇게 웅장하면서도 균형이 깨지지 않고 남아 있다는 것이 놀랍지 않나요?

세 번째 사진은 1376년에 지은 목조 건축물이에요. 처음 두 건축물에 비하면 세상에 선보인 시간이 짧긴 하지만 균형감이 주는 아름다움은 앞의 두 건물에 결코 뒤지지 않습니다.

이 세 건축물이 마음껏 드러내는 아름다움의 비밀은 도대체 무엇일까요? 그 비밀은 바로 피보나치 비율인 황금 비율에 있어요. 자세히 관찰해 볼까요?

피보나치는 파르테논 신전의 사진 위에 색연필로 다음과 같이 여러 개의 직사각형을 그려 넣었습니다.

파르테논 신전Parthenon神殿

파르테논 신전 사진에 황금 사각형을 그려 넣으면 위의 그림과 같이 일부러 맞춘 것처럼 정확하게 황금 사각형과 같은 크기를 나타내고 있음을 알 수 있습니다.

파르테논 신전의 외부 윤곽은 완벽한 황금 분할 사각형 모양을 하고 있어요. 또 건물의 곳곳에 설치된 부속물인 그리스의 입상, 항아리와 같은 인공물 등도 황금 비율에 따라 조형되어 있지요.

이번에는 피라미드에 대해 이야 기해 볼까요? 피라미드는 인류 역 사를 통해 사람들을 가장 매료시켜 온 건축물 중 하나입니다. 하지만 피라미드의 진가는 그 규모의 장대 함에만 있는 것은 아니에요.

피라미드pyramid

거대한 규모의 건축물임에도 불구하고 가로–세로–높이의 비 율이 안정적인 구도로 되어 있는 등 그 형태 자체가 상당히 정교 한 수학을 동원하여 건축되었다는 거예요. 우리나라의 고구려, 백제, 신라가 기원전 1세기경에 세워진 것을 생각하면, 피라미드 가 기원전 3000년경에 정교한 수학을 바탕으로 하여 건축되었다 는 것은 실로 불가사의한 것이라 할 수 있을 것입니다. 어쨌든 풀리지 않는 미스터리 중의 하나임에는 틀림없어요.

피라미드를 보다 자세히 살펴볼까요?

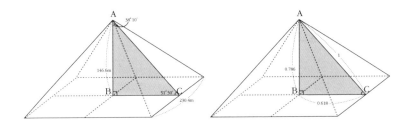

피라미드는 정사각형 토대 위에 쌓아 올린 사각뿔의 형태로, 밑변 한 변의 길이는 230.4m이고 높이는 146.6m나 됩니다. 변 AC를 1로 했을 때 다른 길이들의 값을 환산해 보면 여기서도 유명한 **피보나치 비율**0.618이 나타나고 있음을 알 수 있어요.

$$\overline{AC} : \overline{AB} : \overline{BC} = 1 : 0.786 : 0.618$$

우연이라고 하기엔 너무나 정밀하죠? 또 흥미롭게도 0.786을 제곱하면 황금비 0.618을 얻을 수 있습니다.

$$0.786^2 \fallingdotseq 0.618$$

이집트인들은 피라미드 내부에도 이 피보나치 비율을 적용했습니다. 가장 핵심이 되는 왕의 묘실도 가로와 세로 길이의 비율이 1:1.618로 만들어져 있어요. 이 왕의 묘실 북쪽 벽에는 비스듬히 하늘을 향해 뚫려 있는 통로가 있는데 이 통로를 통해 왕의 묘실은 정확하게 북쪽 하늘에 떠 있는 북두칠성과 만나도록 하고 있지요. 당시 이집트인들의 정교함에 신비스러움마저 느껴지는 것 같지 않나요?

이외에도 놀랄만한 일이 더 있습니다. 바로 피라미드의 높이는 원의 반경에 해당하고 그 둘레는 원의 둘레와 거의 일치한다는 거예요.

과연 고대 그리스인들이 피라미드의 비율을 신의 비율 또는 신성한 비라고 한 것이 이해가 되죠? 플라톤은 《티마이오스Timaios》에서 이 피라미드의 비율이 모든 수학적 관계를 통합시키는 최고의 수이고, 우주 이법 해명의 열쇠라고 말하기도 했어요.

피보나치가 들려주는 피보나치수열 이야기

이렇게 수학적으로 정교한 건축물은 우리나라에서도 발견할 수 있어요. 배흘림기둥으로 유명한 부석사 무량수전은 고려시대에 만든 국보 18호로, 평면의 가로와 세로 길이의 비가 1:1.618인 황금비를 나타내고 있습니다.

부석사 무량수전浮石寺無量壽殿

이 모두가 의도적으로 황금비를 반영한 것이라고 할 수는 없습니다. 직관에 따라 아름다운 모양을 만들다 보니 자연스럽게 황금비가 되었을 것입니다.

▨피보나치 호수

미국 메릴랜드 주 과학기술센터에는 피보나치를 기리기 위해 만든 호수가 있습니다.

일명 '피보나치 호수'이지요. 이 호수의 중앙에는 분수가 설치되어 있는데 역시 피보나치 분수라는 이름이 붙여져 있어요.

이 분수는 예술가이자 수학자인 퍼거슨Helaman Ferguson이 디자인했는데, 높이는 18피트이고 물은 그 두 배인 36피트, 약 10m까지 솟아오를 수 있다고 합니다.

이 분수는 피보나치 수와 황금 비율이 나타나도록 디자인되었어요. 그 윤곽은 황금 비율을 이용한 함수의 그래프 모양을 따른 것이지요. 이 분수의 물이 나오는 14개의 꼭지는 피보나치 수에 비례한 간격만큼씩 떨어져 배치되어 있습니다.

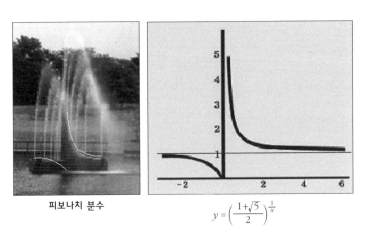

피보나치 분수

$$y = \left(\frac{1+\sqrt{5}}{2}\right)^{\frac{1}{x}}$$

함수의 그래프를 이용하여 분수를 만들다니, 화려하게 꾸민 어느 분수와 비교할 수 없을 만큼 아름답지 않나요? 실제로 밤에 조명을 받으며 솟아오르는 물가지는 마치 어린아이들이 춤을 추는 것과 같은 아름다움을 내뿜는다고 합니다.

아홉번째 수업 정리

❶ 피보나치수열과 황금비를 적용하여 지은 고대 아테네의 '파르테논 신전'과 이집트의 '피라미드'는 건축 이후 약 2500년, 5000여년이 지났음에도 불구하고 여전히 균형감과 안정감, 아름다움을 드러내고 있습니다. 1376년에 지은 목조 건축물인 우리나라의 영주 '부석사 무량수전' 또한 황금비의 균형감이 주는 아름다움을 발산하고 있습니다.

❷ 미국 메릴랜드 주 과학기술센터에는 피보나치를 기리기 위해 만든 '피보나치 호수'가 있으며, 그 중앙에는 피보나치 수를 상징하는 분수가 있습니다.

예술이 택한
미의 열쇠

미술과 사진 구도 및 음악에서
피보나치 수 및 황금비의 역할에 대해 알아봅니다.

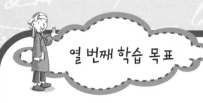

열 번째 학습 목표

1. 회화와 조각상의 아름다움, 조화로움을 나타내거나 사진의 안정감 있는 면 분할에 있어서 황금비가 매우 유용함을 알 수 있습니다.

2. 음악에서 안정되고 역동적인 음색을 가진 곡을 만들어 내는 데 있어서도 피보나치 수와 황금 분할이 중요한 역할을 한다는 것을 이해할 수 있습니다.

미리 알면 좋아요

1. 구도 그림에서 모양, 색깔, 위치 따위의 짜임새를 말합니다.

2. **지오토**Giotto di Bondone, 1266?~1337 이탈리아의 화가이자 조각가이며 건축가를 말합니다. 르네상스의 선구자이며 피렌체파 회화의 창시자로 주로 성화를 그렸습니다. 아시시의 성프란치스코 성당 상원上院의 벽화 〈성프란치스코전〉 28도圖와 〈최후의 심판〉, 〈마리아와 그리스도의 이야기〉 등 많은 작품을 남겼습니다.

피보나치의
열 번째 수업

■구 도 에 서 의 균 형 감 각

황금비는 균형과 조화의 대표 주자답게 그 무엇보다 균형과 조
화를 중요시하는 미술에서 쉽게 찾아볼 수 있습니다.

레오나르도 다 빈치는 황금비를 '신의 비'라 하여 그 비의 아
름다움을 찬양하였고, 자신의 작품들에 철저하게 이 황금 비율

을 이용했습니다.

그의 작품 〈모나리자〉를 살펴봅시다.

다 빈치는 이 작품의 신비로운 미소와 단아한 자태의 우아함 속에 황금 비율을 구현시켰습니다. 찾아볼까요?

피보나치는 〈모나리자〉가 복사된 종이를 아이들에게 나누어 주고 그림 속에서 황금비를 찾아보도록 하였습니다.

먼저 얼굴 크기에 맞게 사각형을 그려 보세요. 이 사각형의 가로와 세로의 길이를 재어 그 비를 구해 보면 완벽한 황금비를 이루고 있다는 것을 알 수 있어요. 그렇다면 이 사각형은 바로 황금 사각형이라는 이야기입니다. 또 두 눈동자를 잇는 선은 얼굴의 위와 아래를 1:1.618로 황금 분할하고 있어요. 이 외에도 단아한 자태에 그림에서와 같이 두 개의 황금 사각형이 숨어 있습니다.

르네상스 시대의 회화와 건축은 대부분 황금비에 크게 영향을 받았다고 할 수 있어요. 화가 지오토 또한 이 황금비를 바탕으로 하여 작품 〈마돈나Ognissanti Madonna〉를 그렸습니다. 가운데 부분에 마리아가 아기를 안고 있는 모습이 황금 사각형 안에

들어가도록 하였고 전체 그림 또한 가로의 길이와 세로의 길이
가 황금비를 이루고 있습니다.

〈모나리자〉 　　　　　〈마돈나Ognissanti Madonna〉

　몬드리안의 작품에서도 이 황금비를
쉽게 발견할 수 있습니다. 다음 그림의
화면 분할에서도 그는 의도적으로 황금
비를 적용했어요. 이 그림에서는 빨간색
정사각형 아래쪽에 있는 큰 직사각형 또
한 황금 사각형이고, 그 안에 있는 세 개
의 직사각형 또한 황금 사각형이에요.

몬드리안의 작품에서 화면 분할

　황금비는 회화에서만 이용되고 있는

것은 아니에요. 조각상의 균형미를 표현하기 위해서도 황금비가 적용되었습니다. 그리스 밀로스 섬 아프로디테 신전 근방에서 밭을 갈던 한 농부에 의해 발견된 〈비너스 상〉이 그 대표적인 예이지요. 언뜻 보면 황금비가 다리의 길이와 전체 키의 비를 나타내는 것처럼 보이지요?

하지만 그렇지 않습니다. 배꼽을 중심으로 배꼽 위의 길이와 그 아래 길이의 비가 황금비를 이루고 있어요. 이 외에도 유두 사이의 길이와 어깨 너비, 살짝 들어 올린 오른쪽 다리의 골반 끝에서 무릎까지의 길이와 무릎에서 발끝까지의 길이에도 1:1.618의 황금 비율이 숨어 있습니다. 실제로 한번 재어 보세요.

〈비너스 상〉

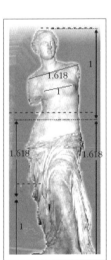

〈다비드 상〉

피보나치가 들려주는 피보나치수열 이야기

또 피렌체의 미소년 〈다비드 상〉 역시 이 황금비를 바탕으로 하여 조각되었어요. 돌멩이 하나로 골리앗과 싸워 이긴 소년이 바로 다윗, 즉 다비드입니다. 이 이야기를 바탕으로 만든 것이 바로 미켈란젤로의 다비드 상이에요. 신체의 비례와 얼굴의 균형이 르네상스 시대의 전형적인 미의 기준으로 만들어졌습니다.

▨사진 구도의 기본 원리, 황금비

"하나, 두울, 찰칵!"
"야! 너무 옆으로 치우쳤잖아?"
"어? 다리가 잘렸어!"
"야~, 너 사진 잘 나온다~~."

오늘 수업을 위한 준비물은 디지털 카메라입니다. 피보나치와 아이들은 잠시 밖으로 나가 미리 준비해 온 디지털 카메라로 사진을 찍었습니다. 서로 사진을 찍어 주며 잘 찍은 사진은 저장해 두기로 하였습니다.

여행지에서만이 아니라 이제는 일상생활 속에서도 언제든지 찍을 수 있는 사진! 전문가만큼은 아니라도 보기에 편안하고 안정감이 느껴지도록 사진을 찍으려면 구도를 어떻게 잡아야 할까요?

방금 전 여러분이 친구 사진을 잘 찍기 위해 가장 먼저 생각한 것은 무엇이었나요?

친구를 사진의 어디에 위치시켜야 할지를 생각했겠죠!

이럴 경우 고민하지 말고 인물이나 물체를 화면의 대략 1:2나 2:1인 지점에 놓으면 편안한 느낌의 사진을 찍을 수 있습니다. 그것은 1:2에 근거해서 화면을 구성하면 결과적으로 황금 분할의 법칙대로 화면이 구성되기 때문이지요. 이와 같이 사진을 찍을 때도 역시 황금비는 사진의 구도 및 구성에 많은 영향을 미칩니다.

어떤 면을 둘로 나눌 때 피보나치 수 비율인 황금비 5:8나 8:5이나 1:2나 2:1 정도의 비율로 나누면 심리적으로 안정되어 보인다고 합니다.

과거뿐만 아니라 현대에도 모든 구도 및 구성과 관련된 예술 영역에서는 황금 분할을 지키고 있습니다. 고전적이기는 하지만 세련된 분할이라고 인정되기 때문이지요. 오히려 황금 분할을 깨면 파격적인 분할이라고 평가할 만큼 중요한 부분을 차지하고 있답니다.

아래 사진에서 시계가 한 가운데에 놓이도록 찍었다면 어땠을까요? 매우 단조로워 보이겠지요? 하지만 시계를 2:1지점에 배치시킴으로써 왼쪽의 여백에 시간의 흐름을 나타내는 녹물과 위치를 맞추어서 뭔가 독특한 느낌을 냅니다.

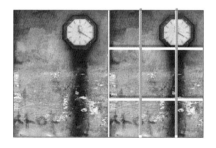

풍경을 사진으로 찍을 때에도 두 눈으로 보이는 시야 전체를 다 찍을 수는 없으므로 찍고 싶은 풍경의 일부만을 찍게 되지요? 이 경우에도 마찬가지로 황금 분할을 적용하여 찍으면 됩니다. 이를

테면 먼저 화면의 가로 부분을 가상의 두 선분으로 3등분하고, 세로 부분도 역시 가상의 두 선분으로 3등분을 합니다. 그럼 네 개의 선분에 의해 네 개의 교점이 생기지요? 이 네 개의 교점에 찍고자 하는 풍경의 포인트를 맞추면 적절한 화면 분할이 됩니다.

실제로 사진을 보면서 알아볼까요?

다음의 왼쪽 사진은 지평선 위로 멀리 작게 보이는 나무와 홀로 떨어져 있는 나무를 대비시킬 때 1:2의 세로 면 분할과 2:1의 가로 면 분할에 의한 황금비를 이용해서 더욱 강조되는 분위기를 연출한 것입니다. 또 오른쪽의 사진은 황금 분할을 이용함으로써 멀리에 있는 남산타워를 향해 아빠와 딸이 먼 여행을 하는 듯한 느낌이 납니다.

반면 오른쪽 사진은 황금비를 적절히 이용하지 못해 매우 어색한 느낌을 지울 수가 없습니다.

황금비를 적용하여 수평선을 찍었다면 조금 더 자연스럽지 않았을까요? 사진이 단조롭게 느껴지는 것은 아마도 멀리 보이는 섬을 중앙에 위치시켰기 때문일 거예요.

이처럼 황금비는 화면을 구성할 때 요긴하게 쓰이는 원칙일 뿐만 아니라 넓은 면적을 분할하거나 색의 대비를 조절할 때에도 많이 활용되는 중요한 요소임에 틀림없습니다.

■음악의 조화와 균형 감각의 힘, 피보나치 수

음악에서는 어떨까요?

피보나치는 아이들을 음악실에 있는 피아노 앞으로 데리고 갔습니다. 그러고는 피아노에 숨어 있는 피보나치 수를 찾도록 하였습니다. 아이들은 예상했던 것보다 쉽게 찾아냈습니다.

피보나치수열은 피아노 건반에서도 찾아볼 수 있습니다. 아래 그림과 같이 한 옥타브에는 흰 건반 8개와 검은 건반 5개가

있어요. 검은 건반은 2개 또는 3개가 나란히 붙어 있지요. 13개
의 건반은 반음계를 이루는데, 이것은 서양음악에서 가장 완전
한 음계로 알려져 있습니다.

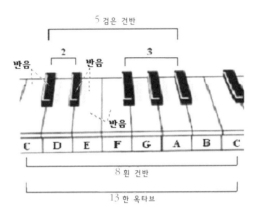

피아노의 한 옥타브에 나타나는 피보나치 수

피보나치가 들려주는 피보나치수열 이야기

황금비와 관련하여 가장 먼저 떠오르는 음악가는 버르토크 벨라Bartok Bela, 1881~1945입니다. 황금비와 피보나치수열이 자연이나 미술에 큰 영향을 미친 것처럼 많은 작곡가들 역시 음악을 작곡

버르토크 벨라
Bartok Bela, 1881~1945

할 때 황금비를 나타내는 피보나치수열을 이용했습니다. 가장 대표적인 작곡가가 방금 이야기한 버르토크 벨라예요. 버르토크는 헝가리가 낳은 20세기 최고의 음악학자이자 피아니스트이며 세계적인 작곡가입니다.

황금 분할을 이용한 작곡가는 버르토크가 처음이지만 이와 유사한 방법을 이용한 작곡가로는 펠레스트리나, 바흐, 모차르트가 있어요.

버르토크는 '작곡은 자연에 규범을 두는 것이다' 라고 말함으로써 자연 속에서 규칙성을 발견하려고 했습니다. 그는 특히 앵무조개의 껍질을 스케치해 놓은 것을 관찰한 후 껍질이 나타내는 나선 모양이 황금 비율을 바탕으로 한 것임을 알게 되었습니다.

버르토크는 피보나치수열과 황금비를 이용하여 음의 조성과 화성 체계, 그리고 자신만의 음계를 다시 세우고 여러 가지 방법으로 음악에 반영시킴으로써 토속적인 음악에 뿌리를 둔 새로운

음악 체계를 구축하려고 했습니다. 그가 음악을 자연과 밀접하게 연결시키기 위해 사용한 방법 중 하나가 바로 황금비를 도입하는 것이었지요.

버르토크가 황금 분할을 최초로 도입한 작품은 피아노곡 〈알레그로 바르바로1911〉예요. 이 곡이 쓰인 시기에 파리에서는 화가 자크비용을 비롯한 많은 시인들이 모여 비례와 음률, 리듬에 대해 토론하면서 스스로를 황금 분할파라 부르기도 했습니다. 버르토크는 이 운동의 영향을 받았다고 할 수 있어요. 1926년부터 버르토크는 황금 분할이 항상 형식상의 가장 중요한 전환점과 일치하고 있다고 생각했습니다. 그는 이런 생각을 〈현악기와 타악기 및 첼레스타를 위한 음악〉을 비롯한 몇 작품들에 반영하였는데 그 형식 및 조성의 흐름 등이 황금 분할과 일치하고 있습니다.

그가 얼마나 수학의 논리에 강한 애정을 보였는지는 전형적인 황금 분할의 구성을 가지고 있는 〈2대의 피아노와 타악기를 위한 소나타〉에서 잘 드러납니다. 이 곡은 형식의 큰 부분에서뿐만 아니라 극히 작은 부분의 구성까지도 황금 분할을 적용하고 있어요.

〈현악기와 타악기 및 첼레스타를 위한 음악〉에서는 각각의 악장들이 황금 분할 자연수 수열의 근사인 피보나치수열에 의해 구성되어 있습니다.

피보나치수열이 〈현악기와 타악기 및 첼레스타를 위한 음악〉의 첫 악장에서 어떻게 사용되었는지 살펴볼까요? 이 첫 악장은 모두 89마디로 구성하였으며 55번째 마디에서 클라이맥스를 이루도록 했습니다. 또 클라이맥스를 기준으로 앞부분인 55마디는 34마디와 21마디 두 부분으로 나누고 뒷부분은 21마디와 13마디로 나누어 구성함으로써 보다 균형 있고 역동적인 음색이 되도록 하였습니다.

클라이맥스

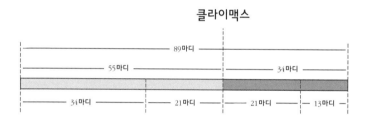

또 형식은 물론 음향적인 효과에서도 선율의 구성이 피보나치수열을 기초로 하고, 5음계와 확대된 반음계, 화성과 음계 역시 음정의 황금 분할을 바탕으로 구성되어 있어요.

유명한 헨델1685~1759**❺**의 〈할렐루야〉도 94마디로 구성되어 있는데 황금비에 가까운 57, 58번째 마디에서 포르테시모로 클라이맥스를 이루고 다시 피아노시모로 줄어들도록 구성하였습니다.

❺
헨델 독일 출생의 영국 작곡가. 런던을 중심으로 이탈리아 오페라의 작곡가로 활약했다. '왕립 음악아카데미'를 설립하였으며 오라토리오 〈에스테르Esther〉, 〈메시아 Messiah〉, 〈알렉산더의 향연 Alexander's Feast〉 등을 작곡하였다.

'빠바바밤~~ 빠바바밤~~' 영혼의 울림 같은 베토벤 1770~1827[6] 5번 교향곡 〈운명〉의 1악장에서도 황금 분할을 찾아볼 수 있습니다. 이 1악장에서 '빠바바밤~'의 주제구는 3번 나오도록 되어 있습니다. 시작 부분과 마지막 부분에 첫 번째, 세 번째 주제구가 배치되어 있고, 두 번째 주제구는 황금 분할 지점에 배치되어 있습니다. 두 번째 주제구를 중심으로 그 앞에는 377마디가, 그 다음에는 233마디가 구성되어 있는데, 377과 233의 비를 구하면 1.618:1 로 1악장이 황금 분할되어 있음을 알 수 있습니다.

위대한 작곡가들은 자신이 좋아하는 수를 작품에 반영하거나 미적 균형을 유지하기 위해 치밀한 황금비와 같은 수학적 지식을 동원했던 것이지요.

베토벤 하이든, 모차르트와 함께 빈고전파를 대표하는 독일의 작곡가. 고전파의 형식이나 양식을 개성적으로, 낭만파로의 이행 단계에 있다. 작품은 동적인 힘이 특징이고 강고한 형식감形式感으로 일관되어 곡마다 독자적으로 하나의 세계를 이룬다. 후기에는 다이내믹한 힘은 부족하지만 보다 깊은 마음의 세계가 표현되어 있다.

열번째 수업 정리

① '레오나르도 다 빈치'와 '지오토'를 포함한 르네상스 시대의 화가들은 황금비를 찬양하며 자신들의 작품에 황금비를 적용하였습니다. '몬드리안' 역시 화면 분할 등에 황금비를 적용하여 조화로운 회화 작품을 그렸습니다.

② 황금비는 회화뿐만 아니라 〈비너스 상〉이나 〈다비드 상〉과 같은 조각상에도 적용되어 균형미와 안정감을 나타내었습니다.

③ 사진을 찍을 때의 면 분할 역시 황금 비율에 따르면 심리적으로 안정된 느낌의 사진을 찍을 수 있습니다.

④ 피아니스트이자 세계적인 작곡가 중의 한 사람인 '버르토크 벨라'를 비롯하여 '헨델', '베토벤'은 곡의 황금 분할 지점에 클라이맥스를 위치시키거나, 피보나치수열을 적용하여 각 악장의 마디를 구성함으로써 보다 균형 있고 역동적인 음색을 갖춘 곡을 작곡하였습니다.

생활 속
피보나치 수

피보나치 수와 황금비가
일상생활에 활용되어 보다 세련된
생활용품을 만들 수 있음을 알아봅니다.

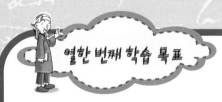

1. 피보나치 수와 황금비가 일상생활의 각종 필수품에 적용되어 있음을 알 수 있습니다.

2. 이를 활용하여 보다 세련된 생활용품을 디자인하고 만들 수 있습니다.

피보나치의
열한 번째 수업

▨ 디 자 인 의   주 체

　피보나치가 노트, 책, 십자가, 신용 카드, 복사 용지, 명함, 액
자 등의 물건들을 책상 위에 펼쳐 놓았습니다.

　우리는 일상생활에서 안정감 있고 균형 있는 이상적인 형태의 물건을 사용하고 있습니다. 어쩌면 이상적인 형태의 것들이 없다고 하는 친구들도 있을 수 있어요.

그러나 우리 주변의 물건들을 섬세하게 관찰해 보면 겉으로는 잘 드러나지 않지만 황금 비율이나 피보나치 수의 비율을 숨기고 있는 것들이 많아요. 내가 지금 가지고 온 물건들을 확인해 보면 바로 알 수 있어요.

피보나치는 가지고 온 물건들을 아이들에게 나누어 준 후 물건들에서 잴 수 있는 길이를 재어 보도록 하였습니다. 그런 다음 잰 길이의 비율까지도 계산해 보도록 하였습니다. 여러 번의 수업을 통해 길이를 재고 계산을 하는 과정에 익숙해진 아이들은 재빨리 움직이기 시작했습니다.

길이를 재고 그 비율을 계산해 보니 어떤가요? 황금 분할이 적용되어 있다는 것을 확인할 수 있나요? 신용카드의 비율을 예로 들어 봅시다. 신

신용카드의 가로와 세로 비율은 각각
8.6cm와 5.35cm

용 카드의 가로와 세로의 길이는 각각 8.6cm와 5.35cm로 이 두 값의 비율은 8.6:5.35=1.607:1로 황금 비율에 의해 카드를 제작

하였다는 것을 알 수 있어요.

여러분이 오늘 길이를 잰 물건들 외에도 가구, 창문, 사진 인화지, 바이올린의 몸체와 목간의 분할, 텔레비전 화면의 가로, 세로 분할 등에 황금 비율이 적용되어 있어요. 스피커 인클로저를 만들 때에도 가장 이상적인 박스의 폭, 높이, 깊이의 비율에 폭이 1이면 깊이는 0.618, 높이는 1.618로 황금비가 적용되어 있답니다.

다음 작품들은 피보나치수열이 겉으로 드러나도록 만든 것입니다. 이런 작품들 역시 조화와 균형, 아름다움을 자연스럽게 표현할 수 있을까요?

스웨터나 양말을 짤 때 줄무늬를 넣는 방법은 짜는 사람들의 기호에 따라 모두 다를 거예요. 다음 두 작품은 피보나치 수로 줄무늬를 직접 나타내었습니다. 스웨터는 진한 색깔의 털실을 구분선으로 하여 바탕의 연한 색깔의 면으로 피보나치 수를 표현한 반면, 양말은 빨간색 1줄, 파란색 1줄, 빨간색 2줄, 파란색 3줄, 빨간색 5줄을 계속 반복하면서 짠 것이에요. 안정감 있으면서도 충분히 자연스럽게 조화를 이루고 있지요?

피보나치 수의 줄무늬

또 다음 작품은 피보나치 나선 모양을 응용하여 만든 전등갓입니다. 나선 모양의 독특하면서도 세련된 디자인은 공간을 구성함에 있어 균형 있는 아름다움을 표출하고 있습니다.

피보나치 나선 모양의 전등갓

피보나치 수를 새겨 넣은 핀란드 투르크 시에 있는 한 공장의 굴뚝 역시 매우 세련된 도시 공간 구성미를 느낄 수 있어요. 굴뚝과 특별한 관련이 없어 보이는 수를 새겨 넣은 건축설계사의 재치는 굴뚝을 그냥 평범한 굴뚝으로만 바라볼 수 없게 만듭니다. 또 스웨덴의 예테보리Göteborg에 있는 한 건물에도 피보나치수열이 새겨져 있어요. 단지 건물의 빈 공간에 몇 개의 숫자를 새겨 넣었을 뿐인데 매우 세련된 느낌의 디자인 감각을 엿볼 수 있습니다.

피보나치 수를 새겨 넣은 굴뚝

아름다운 비례의 법칙인 황금비와 피보나치 수를 생활에 적용하는 것은 디자인적으로 세련된 공간을 구성하고, 균형 있는 아름다움을 창출하는 가장 쉬운 방법이 아닐까요? 거실의 가구, 액자, 시계, 달력 등의 위치를 비례에 맞게 부착하는 것도 공간의 효율성을 높이는 좋은 방법이 될 것입니다.

:: 열한번째
수업 정리

❶ 노트, 액자, 명함 등과 같이 우리가 일상생활에서 사용하는 물건 중 안정감 있고 균형 있는 이상적인 형태의 물건에는 대부분 피보나치 수의 비율인 황금 비율이 적용되어 있습니다.

❷ 피보나치수열이나 황금비를 활용함으로써 물건이나 건물에 독특하고 세련된 디자인을 할 수 있습니다.

주식 시장의 변동을 예측하는 피보나치수열

엘리어트의 파동 이론에 있어서
피보나치 수가 파동의 주기 및 되돌림의 폭을 결정하는
주요 요소임을 알아봅니다.

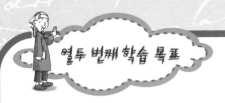

주식 시장의 주가 예측에 있어서 피보나치 수가 파동의 주기 및 되돌림의 폭을 결정하는 주요 변수임을 이해할 수 있습니다.

비리 알면 좋아요

1. 파동 공간이나 물질의 한 부분에서 생긴 주기적인 진동이 시간의 흐름에 따라 주위로 멀리 퍼져 나가는 현상을 말합니다.

예를 들어, 호수 면에 돌을 던져 보면 돌이 던져진 자리를 중심으로 원형 고리 모양의 물결이 가장자리로 퍼져 나가는 것을 볼 수가 있습니다. 이렇듯 물결의 한 지점에서 생긴 진동이 사방으로 퍼져나갈 때 이를 '물결파' 라고 합니다.

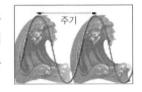

2. 주기 진동 현상에서 한 번의 왕복 운동이 일어나는 데 걸리는 시간을 말합니다.

3. 식의 값 주어진 문제를 간단히 식을 사용하여 문장으로 나타낼 수 있습니다. 이때 문자에 수를 대입하여 얻은 값을 식의 값이라고 합니다.
예를 들어, a원의 30%는 $a \times 0.3 = 0.3a$로 나타냅니다. a가 1000원일 때는 $1000 \times 0.3 = 300$원이 됩니다.

▨엘리어트의 파동 이론Elliott Wave Principle

　피보나치가 오늘의 준비물로 아이들에게 가져오게 한 것은 일
간 신문입니다. 피보나치는 아이들에게 가져 온 신문의 경제면
을 펼치게 했습니다. 그리고 거기에 있는 주식 시장의 변동을 알
려 주는 파동 모양의 그림을 살펴보도록 하였습니다. 아이들을

한참 동안 지켜본 피보나치가 말을 하기 시작했습니다.

이번 수업 시간에 여러분과 함께 공부할 내용은 조금 어렵습니다. 하지만 피보나치수열이 우리 경제에도 그 마법의 힘을 뻗치고 있다는 것을 알아보도록 합시다.

그 내용을 알아보기 전에 먼저 이 마법의 힘을 처음 발견해 낸 '엘리어트R.N.Elliott, 1888~1965' 라는 사람에 대해 알아보기로 합시다.

미국이 대공황의 위기에서 벗어날 즈음인 1930년대 중반, 엘리어트는 주식 시장의 변동을 관찰하다가 이것에 일정한 규칙이 있고 수학적 원리가 적용된다는 사실을 깨닫게 되었습니다. 그는 75년 동안의 주가 움직임을 월간, 주간, 일간 심지어는 30분 단위까지 세밀하게 나누어 연구한 끝에 주식 시장의 주가 움직임에 숨어 있는 법칙을 발견했습니다.

엘리어트 파동 이론 Elliott Wave Principle은 1946년에 발표된 《자연의 법칙—우주의 신비Nature's Law-The Secret of the Universe》라는 책에서 출발합니다. 저자인 엘리어트는 7년이라는 오랜 시간 동안 76년간의 미국 주식 시장 데이터를 분석해서 파동 이론을 만들어 냈습니다. 당시에는 우리가 지금 흔하게 접하고 있는 PC가 없었고 전자계산기의 기능조차 매우 조악한 수준이었습니다. 이렇게 어려운 상황에서 76년간의 데이터를 수작업으로 계산했다는 사실 한가지만으로도 이 사람이 대단한 사람이라는 사실은 부인할 수 없을 것 같아요.

엘리어트는 주식 시장이 크게 8개의 파동을 한 주기로 움직이며, 이 파동은 다시 상승하는 5개의 파동과 하락하는 3개의 파동으로 이루어져 있다고 보았습니다. 그런데 상승하는 5개의 파동은 계속 상승만 하는 것은 아니에요. 상승하는 5개의 파동은 올라가는 3개의 파동과 내려가는 2개의 파동을 포함하게 돼요. 마찬가지로 하락하는 3개의 파동 또한 올라가는 1개의 파동과 내려가는 2개의 파동을 포함합니다.

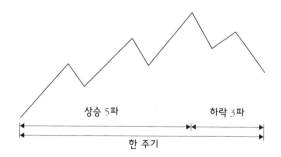

그는 이것을 바탕으로 주가의 흐름을 추적함으로써 단기 또는 장기의 주가를 예측할 수 있을 것이라 생각했습니다. 즉 주가 파

동 사이클에는 큰 파동과 작은 파동이 있는데 큰 파동은 상승 5파와 하락 3파로 형성되며, 그 안에서 상승 5파는 소상승 3파와 소하락 2파로, 하락 3파는 소상승 1파와 소하락 2파로 이루어진다는 것이지요.

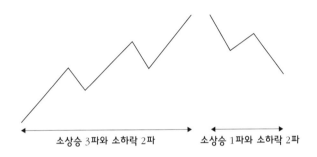

결국 주가의 흐름은 크게 보면 8, 5, 3의 조합으로 이루어졌으며, 작게 보면 5는 3과 2의 조합으로, 3은 1과 2의 조합으로 이루어졌다고 볼 수 있습니다.

좀 더 큰 흐름에서 보면 다시 상승 21파와 하락 13파로 된 전체 34파의 파동도 볼 수 있어요.

이와 같이 1, 2, 3, 5, 8, 13, 21, 34로 이루어진 숫자의 조합은 피보나치수열과도 일치합니다.

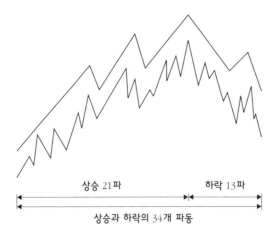

상승 21파   하락 13파

상승과 하락의 34개 파동

▨엘리어트 파동에 등장하는 피보나치 수의 모습

그렇다면 엘리어트 파동에 등장하는 피보나치수열과 관련된 수에 대해 더 자세히 살펴보기로 합시다.

피보나치수열에서 뒤의 수를 앞의 수로 나누면 그 값은 점점 1.618이라는 수에 가까워지고, 뒤의 수를 두 칸 앞의 수로 나누면 2.618이라는 수에 가까워집니다.

1, 1, 2, 3, 5, 8, 13, 21, 34, 55, 89, 144, 233, 377

$$\frac{3}{2}=1.5 \qquad \frac{21}{13}=1.615\cdots \qquad \frac{55}{34}=1.6176\cdots$$

$$\frac{144}{89}=1.61797\cdots \qquad \frac{987}{610}=1.6180327\cdots$$

1, 1, 2, 3, 5, 8, 13, 21, 34, 55, 89, 144, 233, 377

$$\frac{5}{2}=2.5 \qquad \frac{21}{8}=2.625 \qquad \frac{144}{55}=2.61818\cdots$$

$$\frac{377}{144}=2.61805\cdots \qquad \frac{987}{377}=2.618037\cdots$$

한편 앞의 숫자를 뒤의 숫자로 나누면 0.618에 가까워지며, 한 칸 건너 뛴 뒤의 숫자로 나누면 0.382에 가까워집니다.

1, 1, 2, 3, 5, 8, 13, 21, 34, 55, 89, 144, 233, 377

$$\frac{2}{3}=0.666\cdots \qquad \frac{5}{8}=0.625 \qquad \frac{21}{34}=0.61764\cdots$$

$$\frac{89}{144}=0.61805\cdots \qquad \frac{610}{987}=0.61803\cdots$$

피보나치가 들려주는 피보나치수열 이야기

$$1, \quad 1, \quad 2, \quad 3, \quad 5, \quad 8, \quad 13, \quad 21, \quad 34, \quad 55, \quad 89, \quad 144, \quad 233, \quad 377$$

$$\frac{2}{5}=0.4 \qquad \frac{8}{21}=0.38095\cdots \qquad \frac{55}{144}=0.38914\cdots$$

$$\frac{144}{377}=0.38196\cdots \qquad \frac{377}{987}=0.38196\cdots$$

엘리어트 파동에서는 이 0.618과 0.382도 매우 중요한 역할을
하는 수입니다. 파동에는 되돌림이 있는데 그 폭이 61.8% 또는
38.2% 정도 되지요.

▨파 동 의 신 비 를 벗 겨 보 자

그럼 각 파동에 대해 자세히 설명해 보기로 할까요?

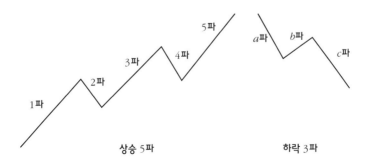

상승 5파에서 1파는 추세의 시작을 알리는 파동이에요.

1파의 급작스런 상승에 대한 되돌림의 파동으로, 보통 1파 크기의 38.2% 또는 61.8% 정도 하락하는 것으로 예측되는데 61.8%의 하락 조정이 더 자주 나타난다고 합니다. 단, 100% 하락하는 경우는 없어요.

예를 들어, 10000원이던 주가가 1차 상승으로 20000원까지 상승했다고 합시다. 2파 하락 조정의 크기는 1파 크기의 38.2% 또는 61.8가 됩니다. 즉 상승폭 10000원의 38.2%인 3820원이 하락한 16180원까지 조정하든지, 61.8%인 6180원을 조정하여 13820원이 됩니다. 여기에서는 더 자주 일어나는 61.8%의 하락 조정으로 인한 가격 13820원을 주식 가격으로 생각하기로 합시다.

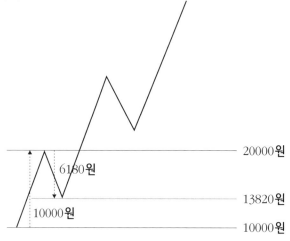

피보나치가 들려주는 피보나치수열 이야기

3파는 가장 강력한 본격 상승 국면을 보여 주는 파동으로서 1파 크기의 1.618배로 상승하는 것이 일반적입니다. 3파의 크기는 10000원의 1.618배인 16180원의 상승을 예상할 수 있지요. 그렇다면 3파의 예상 목표는 30000원이 됩니다.

4파는 상승 3파에 대한 조정 파동으로서 보통 3파 크기의 38.2%의 하락 조정이 많습니다. 4파의 크기는 16180원의 38.2%인 6180원이므로 4파의 목표 가격은 23820원이 됩니다.

5파는 상승장세의 마무리 파동으로 크기는 보통 1파와 유사하거나 또는 1파 크기의 1.618배일 가능성이 높다고 합니다. 따라서 1파의 크기와 동일하게 10000원이 상승한 33820원이거나 또는 1.618배인 16180원이 상승한 40000원이 될 것입니다. 그러나 3파가 본격적인 파동이라는 엘리어트 파동 이론에 좀 더 근접한다면 5파의 크기는 3파보다 작을 것이라고 가정할 수 있습니다. 이에 따라 최종 목표 가격을 21910원이라 정하면 곧이어 닥쳐올 본격적인 하락 국면을 생각할 수 있습니다.

하락 3파의 경우에도 a파는 대단히 빠른 속도로 하락하는 파동이며, b파는 갑작스런 하락 추세의 시작에 따른 반발 조정으로 a파 크기의 38.2% 내지는 61.8%의 상승 조정이 일반적입니다. c파는 강력한 본격 하락 국면을 보여 주는 파동으로 a파 크기의

1.618배로 하락하는 경우가 많아요.

따라서 파동 이론의 가장 큰 특징은 '현재 하락하고 있는 주가가 얼마까지 하락할 것인가?'를 추측할 수 있다는 것입니다. 피보나치 비율을 통해 하락의 목표치를 계산하고 있기 때문이죠.

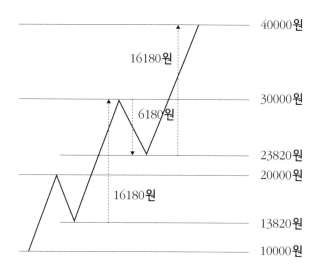

이 그림이 앞에서 설명한 엘리어트 파동 이론입니다. 첫 번째 지점인 10000원과 두 번째 지점인 6180원만 알고 있다면 나머지 모든 가격대는 일정한 규칙에 의해서 이미 정해져 있다는 것이지요.

피보나치가 들려주는 피보나치수열 이야기

엘리어트 파동 이론은 실제 주가 파동과 일치하는 면이 많습니다. 실제 파동은 늘어나거나 줄어들기도 하고, 다양한 변동 상황에 따라 순서가 뒤바뀌기도 하지만 기초가 되는 원형의 모양은 일정해요. 이 엘리어트 파동 이론은 사람들로부터 신뢰를 얻어 전문가들이 시장 동향을 예측하는 데 이용되기도 하고, 많은 학자들의 끊임없는 연구 대상이 되고 있습니다.

파동 이론은 주가의 미래를 예측할 수 있다는 이유로 많은 사람들이 '신비의 비결'로 생각하는 경향이 있습니다. 그러나 실제 주식을 매매할 때 정확한 매매 시점을 보장해 주지는 않아요.

어쨌든 파동 이론은 대단한 의의를 가집니다. 무엇보다도 '목표 가격을 알 수 있다'는 사실이 투자자들에게 안도감을 주지요.

열두번째
수업 정리

❶ 엘리어트는 주식 시장 주가의 흐름을 추적함으로써 단기 또는 장기의 주가를 예측할 수 있다는 '파동 이론'을 만들었습니다. 엘리어트는 주식 시장이 크게 8개의 파동상승 5파, 하락 3파이나 34개의 파동상승 21파, 하락 13파을 한 주기로 움직인다고 보았습니다.

❷ 엘리어트 파동 이론의 파동의 되돌림에 있어서 상승과 하락의 폭을 결정하는 수들을 살펴보면 '피보나치 수의 비율'인 1.618, 2.618, 0.618과 0.382와 관련되어 있음을 알 수 있습니다.

피보나치수열의 응용문제

피보나치 수열과 관련된
여러 가지 응용문제를 해결합니다.

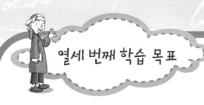

피보나치수열과 관련된 여러 가지 응용문제를 해결할 수 있습니다.

미리 알면 좋아요

1. 삼각형의 빗변 직각삼각형에서 직각의 맞은편에 있는 변을 말합니다.

2. 기울기 수평선 또는 수평면에 대한 기울어짐의 정도를 나타내는 값으로, 삼각형에서 빗변이 갖는 기울기는 밑변과 높이 비의 값입니다. 예를 들어, 아래 그림의 두 직각삼각형의 기울기는 각각 다음과 같습니다.

(가) 삼각형의 기울기 $= \dfrac{5}{10} = \dfrac{1}{2}$

(나) 삼각형의 기울기 $= \dfrac{12}{4} = 3$

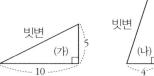

3. 샘 로이드Sam Loyd, 1841~1911 미국의 수학자이자 퍼즐 작가로 재미있는 주제를 가지고 많은 퍼즐 문제를 저술하였습니다. 유명한 체스선수로서 체스에 관련된 문제도 많이 만들었습니다. 그의 아들인 로이드 2세 또한 매우 유명한 퍼즐리스트로 1934년 60세의 나이로 죽을 때까지 1만여 개의 퍼즐 문제를 만들었습니다.

▨64=65?

피보나치는 다음 그림과 같이 4개의 조각으로 이루어진 정사
각형이 그려져 있는 모눈종이를 아이들에게 각각 한 장씩 나누
어 주고 오리도록 하였습니다. 대부분의 아이들이 각 조각들을
오려 내자 피보나치가 말을 시작했습니다.

이번 수업 시간에는 문제를 하나 풀어 보면서 수업을 시작할까요?

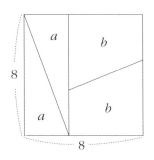

여러분이 가지고 있는 정사각형은 그림과 같이 a, a, b, b 네 조각으로 이루어진 정사각형으로, 한 변의 길이가 8입니다. 네 조각들을 다시 배치하여 가로의 길이가 13, 세로의 길이가 5인 직사각형을 만들어 보세요. 단, 넓이는 그대로여야 합니다.

평소에 조각 퍼즐 맞추기를 좋아하는 아이들은 신나는 표정으로 조각을 맞추기 시작했습니다. 그러나 너무 간단해서인지 아이들의 책상 위에는 금방 정사각형 모양이 아닌 직사각형 모양의 종이가 놓였습니다.

자, 여러분이 만든 직사각형 종이를 살펴봅시다. 조건에 맞는 직사각형이 만들어졌나요?

피보나치가 들려주는 피보나치수열 이야기

정답은 'NO!' 입니다. 정사각형과 직사각형의 넓이를 계산해 보면 바로 알 수 있어요. 정사각형의 면적은 $8 \times 8 = 64$이지만, 직사각형의 면적은 $13 \times 5 = 65$입니다.

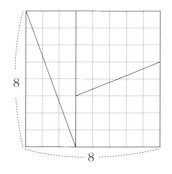
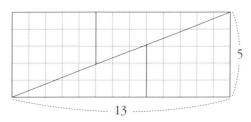

어떻게 이런 일이 일어났을까요? 직사각형 그림에서 늘어난 면적 1은 어디로 갔을까요?

이 조각 맞추기는 눈속임하기 쉬운 퍼즐 중 하나예요. 다음의 그림을 보세요. 실제로 조각을 맞추어 직사각형을 만들어 보면 삼각형 a의 빗변 l과 사다리꼴 b의 한 변 m의 기울기가 달라 직사각형의 가운데 부분이 비게 됩니다. 바로 이 부분이 늘어난 '1'에 해당하는 면적입니다.

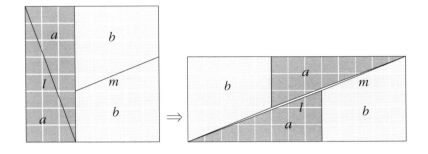

이 조각 맞추기 퍼즐은 샘 로이드의 퍼즐이라는 이름으로 널리 알려져 있습니다. 이 퍼즐에서는 감히 '64=65'라고 주장하고 있답니다. 이렇게 주장할 수 있는 이 퍼즐의 비밀은 피보나치수열에 있어요. 피보나치수열을 이용하면 이와 비슷한 퍼즐을 수없이 많이 만들 수 있습니다.

이 조각 맞추기 퍼즐과 관련하여 천문학자이며 수학자인 케플러Johannes Kepler, 1571~1630는 피보나치수열 1, 1, 2, 3, 5, 8, 13, 21, 34, 55, 89, …에서 어떤 한 수에 대하여 이 수와 서로 이웃하는 두 수 사이에 숨어 있는 재미있는 사실을 발견하였습니다. 이를테면 8과 이 수에 이웃하는 두 수 5와 13에 대하여 $8^2 = 5 \times 13 - 1$의 관계가 있고 13, 21, 34에 관해서는 $21^2 = 13 \times 34 - 1$의 관계가 있음을 발견한 것이지요. 이 사실을 알고 있으면 위의 문제와 같이 간단한 눈속임을 통해 441 = 442라고 주장할 수 있습니다.

피보나치가 들려주는 피보나치수열 이야기

▨꿀벌이 벌집으로 들어가는 방법의 수

또 다른 문제를 풀어 볼까요?

그림과 같이 벌집의 각 방마다 A, B, C, D, …의 기호를 붙였습니다.

두 줄로 된 벌집에서 여왕벌이 어떤 방을 찾아간다고 생각해 봅시다. 이때 여왕벌은 언제나 왼쪽에서 오른쪽으로 이동한다고 가정합니다. 여왕벌이 K방까지 가기 위한 방법은 모두 몇 가지가 있을까요?

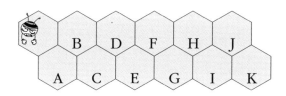

피보나치의 질문에 아이들은 연습장에 직접 그림을 그려 가며 방법의 수를 세기 시작했습니다.

벌이 A로 가는 방법은 한 가지뿐이에요.

왼쪽에서 오른쪽으로 움직여 B까지 가는 방법은 바로 B로 가 거나 A를 거쳐 B로 가는 방법 두 가지가 있어요.

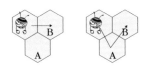

C로 가는 방법은 다음과 같이 세 가지 방법이 있어요.

벌이 D로 가는 방법은 다음과 같이 다섯 가지이며, E로 가는 방법은 여덟 가지가 있습니다.

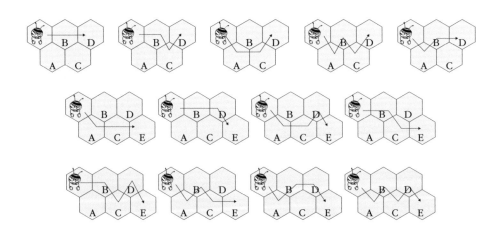

피보나치가 들려주는 피보나치수열 이야기

결국 임의의 저장소로 가는 방법의 수는 그 저장소 바로 앞에 이웃하는 저장소들로 가는 방법의 수의 합과 같음을 알 수 있습니다. 즉 이동하는 방법의 수가 바로 피보나치 수임을 나타내는 것이죠.

방	A	B	C	D	E	F	G	H	I	J	K
가는 방법의 수	1	2	3	5	8	13	21	34	55	89	144

따라서 K방까지 가는 방법은 모두 144가지가 됩니다.

열세번째
수업 정리

❶ 샘 로이드의 퍼즐은 피보나치수열에서 이웃하는 임의의 세 수, 예를 들어 5, 8, 13과 관련하여 한 변의 길이가 8인 정사각형의 넓이와 가로와 세로의 길이가 각각 5, 13인 직사각형의 넓이가 같다는 것을 주장하는 퍼즐입니다. 이것은 $8^2 = 5 \times 13 - 1$이 성립한다는 사실을 절묘하게 이용하여 만든 것입니다.

❷ 두 줄로 된 정육각형의 방에서 여왕벌이 특정한 방으로 들어가기 위한 방법의 수는 피보나치 수와 같습니다.